全新版

二级造价工程师职业资格考试专用教材

建设工程计量与计价实务

（安装工程）

◎造价工程师考试研究院　组编

主　　审：陈　辉
本册主编：张　静

中国商业出版社

图书在版编目（CIP）数据

建设工程计量与计价实务．安装工程/造价工程师考试研究院组编．—北京：中国商业出版社，2024.4

二级造价工程师职业资格考试专用教材

ISBN 978-7-5208-2893-2

Ⅰ.①建… Ⅱ.①造… Ⅲ.①建筑安装—建筑造价管理—资格考试—教材 Ⅳ.①TU723.3

中国国家版本馆 CIP 数据核字（2024）第 076427 号

责任编辑：朱丽丽

中国商业出版社出版发行

（www.zgsycb.com　100053　北京广安门内报国寺 1 号）

总编室：010－63180647　　编辑室：010－63033100

发行部：010－83120835/8286

新华书店经销

三河市中晟雅豪印务有限公司印刷

★

787 毫米×1092 毫米　16 开　12.5 印张　273 千字

2024 年 4 月第 1 版　　2024 年 4 月第 1 次印刷

定价：60.00 元

★　★　★　★

（如有印装质量问题可更换）

导言

住房和城乡建设部、交通运输部、水利部、人力资源和社会保障部联合颁布的《造价工程师职业资格制度规定》《造价工程师职业资格考试实施办法》，明确规定我国设置造价工程师准入类职业资格，工程造价咨询企业应配备造价工程师；工程建设活动中有关工程造价管理岗位按需要配备造价工程师。基于此，我国造价工程师考试制度作出重大调整，将原来的造价工程师分为一级造价工程师和二级造价工程师。二级造价工程师主要协助一级造价工程师开展相关工作，可单独开展建设工程工料分析、计划、组织与成本管理，施工图预算、设计概算、建设工程量清单、最高投标限价、投标报价、建设工程合同价款、结算价款和竣工决算价款的编制等工作。

住房和城乡建设部、交通运输部、水利部组织有关专家，制定了《全国二级造价工程师职业资格考试大纲》，并经人力资源和社会保障部审定。本考试大纲是二级造价工程师考试命题和应考人员备考的依据。

二级造价工程师职业资格考试分为两个科目："建设工程造价管理基础知识"和"建设工程计量与计价实务"。这两个科目分别单独考试、单独计分。参加全部两个科目考试的人员，必须在连续两个考试年度内通过全部科目，方可取得二级造价工程师职业资格证书。

各科目考试试题类型及时间安排见表1。

表1　各科目考试试题类型及时间安排

科目名称 / 项目名称	建设工程造价管理基础知识	建设工程计量与计价实务
考试时间（小时）	2.5	3.0
满分记分	100	100
试题类型	客观题	客观和主观题

注：(1) 客观题指单项选择题、多项选择题等题型，主观题指问答题及计算题等题型。

(2) 第二科目"建设工程计量与计价实务"分为土木建筑工程、交通运输工程、水利工程和安装工程四个专业类别，考生在报名时可根据实际工作需要选择其中一个专业。

为了更好地贯彻我国工程造价管理有关方针政策，帮助造价从业人员学习、掌握二级造价工程师职业资格考试的内容和要求，造价工程师考试研究院组织有关专家及长期从事一线教学工作的专业老师，精心研究二级造价工程师考试大纲要求，编写了这套在全国范围内适用的《建设工程造价管理基础知识》《建设工程计量与计价实务（土木建筑工程）》和《建设工程计量与计价实务（安装工程）》，共三册。

在本套图书编写过程中，作者借鉴了最新颁布的有关工程造价管理的法规、规章、政策，力求体现行业最新发展水平和二级造价工程师职业资格考试特点。同时注重理论联系实际，对考生应当掌握的工程造价管理基本理论、专业技术知识、计量与计价实务操作进行了全面介绍，以帮助考生深入理解，顺利通过考试。

由于时间仓促，本套图书尚存在不足之处，还望读者提出宝贵意见和建议，以便再版时修订和完善。

最后预祝大家顺利通过二级造价工程师职业资格考试！

造价工程师考试研究院

时间管理达人

专为应试而打造

第一章
安装工程专业基础知识

第一章共五节，包括安装工程分类、安装工程常用材料、常用施工机械及检测仪表、施工组织设计及安装工程相关规范五部分内容。其中常用材料、施工机械及检测仪表为本章考试的重点内容，需要综合掌握安装工程施工特点进行理解记忆。第一章的学习重点在于区别各种材料的特性、应用环境，施工技术方法的特点、原理，仪表的特点及应用，施工组织设计的编制方法等内容。

知识脉络

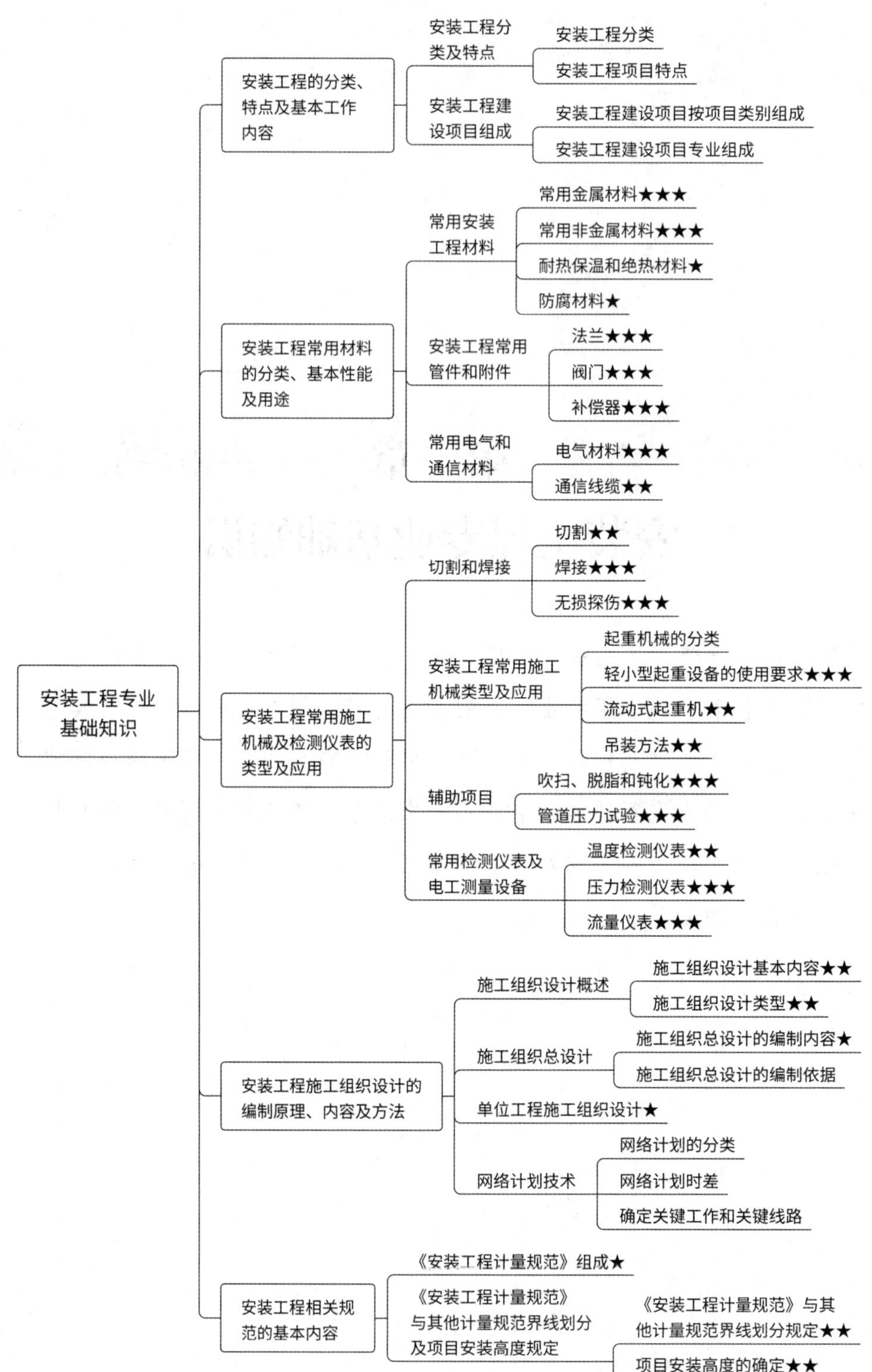

安装工程专业基础知识
安装工程的分类、特点及基本工作内容
安装工程分类及特点
安装工程分类
安装工程项目特点
安装工程建设项目组成
安装工程建设项目按项目类别组成
安装工程建设项目专业组成
安装工程常用材料的分类、基本性能及用途
常用安装工程材料
常用金属材料★★★
常用非金属材料★★★
耐热保温和绝热材料★
防腐材料★
安装工程常用管件和附件
法兰★★★
阀门★★★
补偿器★★★
常用电气和通信材料
电气材料★★★
通信线缆★★
安装工程常用施工机械及检测仪表的类型及应用
切割和焊接
切割★★
焊接★★★
无损探伤★★★
安装工程常用施工机械类型及应用
起重机械的分类
轻小型起重设备的使用要求★★★
流动式起重机★★
吊装方法★★
辅助项目
吹扫、脱脂和钝化★★★
管道压力试验★★★
常用检测仪表及电工测量设备
温度检测仪表★★
压力检测仪表★★★
流量仪表★★★
安装工程施工组织设计的编制原理、内容及方法
施工组织设计概述
施工组织设计基本内容★★
施工组织设计类型★★
施工组织总设计
施工组织总设计的编制内容★
施工组织总设计的编制依据
单位工程施工组织设计★
网络计划技术
网络计划的分类
网络计划时差
确定关键工作和关键线路
安装工程相关规范的基本内容
《安装工程计量规范》组成★
《安装工程计量规范》与其他计量规范界线划分及项目安装高度规定
《安装工程计量规范》与其他计量规范界线划分规定★★
项目安装高度的确定★★

第一节　安装工程的分类、特点及基本工作内容

一、安装工程分类及特点

（一）安装工程分类

《通用安装工程工程量计算规范》（GB 50856—2013）规定，安装工程是指各种设备、装置的安装工程。包括工业、民用设备，电气、智能化控制设备，自动化控制仪表，通风空调，工业管道，消防管道，给排水、燃气管道及通信设备等的安装。

（二）安装工程项目特点

（1）安装工程有建设项目普遍的特点，即工程实体的单件性、固着性和建设的长期性，大部分形体的庞大性。

（2）安装工程项目自身的特点，即设计的多样性、工程运行的危险性、环境条件的苛刻性。

二、安装工程建设项目组成

安装工程建设项目组成可以按项目类别划分，也可以按专业划分。

（一）安装工程建设项目按项目类别组成

安装工程建设项目一般由工艺装置或单元、公用工程、辅助设施、按总图布置标示的工程、仓储设施、消防系统、生活办公设施、相关工程等中的一个或几个部分组成。安装工程建设项目具体组成见表 1-1-1。

表 1-1-1　安装工程建设项目具体组成

项目类别	组成
工艺装置或单元	可能是一套或多套
公用工程	室内外工艺管网、给水管网、排水管网、供热系统管网、通风与空调系统管网，变配电所及其布线系统，通信系统及其线网
辅助设施	空压站、制冷站、换热站、供氧站、乙炔站、供汽站等各类动力站，化验室、废渣堆埋场、废水处理回收用装置和维修车间等
按总图布置标示的工程	大门、警卫室、围墙、运输通道、绿化等
仓储设施	仓库、各类储罐和装卸台等
消防系统	各类消防管网和消防设备站，以及火灾报警系统
生活办公设施	办公楼及宿舍区
相关工程	引入的电力线路、给水总管、热力总管、排水总管、污水总管，以及专用铁路、通信干线、公路等

（二）安装工程建设项目专业组成

每个具体项目依据项目性质由以下几种专业工程联合组成：土建工程、给水、排水、供暖、卫生工程、电气工程、通风与空调工程、工艺管道工程、工艺金属结构工程、设备安装工程、炉窑砌筑工程、自动化仪表工程、建筑智能化工程、自动消防灭火工程、防腐绝热工程、通信工程、太阳能利用工程及其他。

·典型例题·

［例题·单选］下列属于安装工程建设项目公用工程组成的是（　　）。

A. 废水处理回收用装置

B. 变配电所及其布线系统

C. 运输通道

D. 火灾报警系统

［解析］公用工程项目组成包括：室内外工艺管网、给水管网、排水管网、供热系统管网、通风与空调系统管网，变配电所及其布线系统，通信系统及其线网。废水处理回收用装置属于辅助设施项目组成；运输通道属于按总图布置标示的工程组成；火灾报警系统属于消防系统的组成。

答案：B

第二节　安装工程常用材料的分类、基本性能及用途

一、常用安装工程材料

（一）常用金属材料

1. 钢材

钢材根据其使用功能分为型材、板材、管材、线材等。

（1）型材是铁或钢及具有一定强度和韧性的材料（如塑料、铝、玻璃纤维等）通过轧制、挤出、铸造等工艺制成的具有一定几何形状的物体。型材的分类见表 1-2-1。

表 1-2-1　型材的分类

分类		应用
普通型钢	冷轧和热轧	热轧最为常用
按其断面形状分	圆钢、方钢、六角钢、角钢、槽钢、工字钢、H 型钢和扁钢等（见图 1-2-1）	电站锅炉钢架的立柱通常采用宽翼缘 H 型钢（见图 1-2-2）

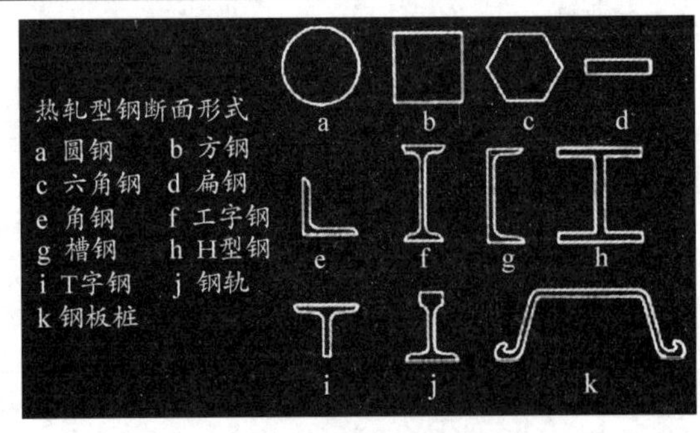

图 1-2-1　型材类别

图 1-2-2　宽翼缘 H 型钢

（2）板材。

1）钢板有多种分类，常见的分类见表 1-2-2。

表 1-2-2　钢板的常见分类

分类依据	类型	特点及应用
轧制方式	热轧板、冷轧板	冷轧板只有薄板
材质	普通碳素钢板、低合金结构钢板、不锈钢板、镀锌薄钢板	碳素结构钢厚钢板用于焊接、铆接、栓接结构，如桥梁、船舶、管线、车辆和机械
		优质碳素结构钢（质量等级为 C、D），用于对韧性和焊接性能要求较高的钢结构
厚度	厚板、薄板	厚板（厚度＞4mm）、薄板（厚度≤4mm）

2）铝合金板延展性能好、耐腐蚀，适宜咬口连接，且具有传热性能良好、在摩擦时不易产生火花的特性，所以铝合金板常用于防爆的通风系统。

3）塑料复合钢板是在普通薄钢板表面喷涂一层 0.2～0.4mm 厚的塑料层制作而成，塑料层具有较好的耐腐蚀性和装饰性能。塑料复合钢板在建筑工程中应用广泛。

2. 金属管材

安装工程中常用的金属管材有无缝钢管、焊接钢管、合金钢管、铸铁管和有色金属管等，其规格、类型、特点和应用见表 1-2-3。

表 1-2-3　常用金属管材的规格、类型、特点和应用

序号	名称与规格	类型与特点	应用
1	无缝钢管 外径×壁厚	(1) 分为普通碳素结构钢、普通低合金结构钢、优质碳素结构钢、优质合金钢和不锈钢 (2) 无缝钢管比焊缝钢管具有较高的强度	(1) 一般无缝钢管主要适用于高压供热系统和高层建筑的冷、热水管和蒸汽管道以及各种机械零件的坯料，通常压力在 0.6MPa 以上的管路都应采用无缝钢管 (2) 锅炉及过热器用无缝钢管多用于过热蒸汽和高温高压热水管 (3) 不锈钢无缝钢管主要用于化工、石油和机械用管道的防腐蚀部位，以及输送强腐蚀性介质、低温或高温介质以及纯度要求很高的其他介质
2	焊接钢管 公称直径×壁厚	(1) 分为焊接钢管（黑铁管）和将焊接钢管镀锌后的镀锌钢管（白铁管） (2) 按焊缝的形状分为直缝钢管、螺纹缝钢管和双层卷焊钢管 (3) 按其用途不同可分为水、煤气输送钢管 (4) 按壁厚可分为薄壁管和加厚管等	(1) 直缝电焊钢管主要用于输送水、暖气和煤气等低压流体和制作结构零件等。电线套管是用易焊接的软钢制造的，它是保护电线用的薄壁焊接钢管。主要用途是制作各种结构零件（如变压器管）和输送液体管道 (2) 螺旋缝钢管按照生产方法可以分为单面螺旋缝焊管和双面螺旋缝焊管两种。单面螺旋缝焊管用于输送水等一般用途，双面螺旋缝焊管用于输送石油和天然气等特殊用途 (3) 双层卷焊钢管适用于汽车和冷冻设备、电热电器中的刹车管、燃料管、润滑油管、加热器或冷却器等
3	合金钢管	耐热合金钢管有强度高、耐热的优点，其焊接采用特殊工艺，焊后要对焊口部位采取热处理	如：12CrMo 用于各种锅炉耐热管道及过热器管道

续表

序号	名称与规格	类型与特点	应用
4	铸铁管 公称直径×壁厚	(1) 分为给水铸铁管和排水铸铁管 (2) 连接形式：承插式和法兰式 (3) 特点：经久耐用、抗腐蚀性强、质较脆，多用于耐腐蚀介质及给排水工程	(1) 排水承插铸铁管适用于污水的排放，一般都是自流式，不承受压力 (2) 双盘法兰铸铁管的特点是装拆方便，工业上常用于输送硫酸和碱类等介质
5	有色金属管 外径×壁厚	分为铅及铅合金管、铜及铜合金管、铝及铝合金管和钛及钛合金管	(1) 铅管在化工、医药等方面使用较多 (2) 铜及铜合金管多用于制造换热器、压缩机输油管、自控仪表以及保温伴热管和氧气管道等 (3) 铝管多用于耐腐蚀性介质管道、食品卫生管道及有特殊要求的管道 (4) 钛及钛合金管可用于其他管材无法胜任的工艺部位，如输送强酸、强碱及其他材质管道不能输送的介质。钛管虽然具有许多优点，但因价格昂贵，焊接难度大，所以没有被广泛采用

（二）常用非金属材料

1. 塑料管

塑料管的分类、特点及应用见表 1-2-4。

表 1-2-4 塑料管的分类、特点及应用

序号	名称	特点	应用
1	硬聚氯乙烯管 (UPVC)	(1) 分轻型管和重型管两种，直径范围为 8.0～200.0mm (2) 硬聚氯乙烯管具有耐腐蚀性强、重量轻、绝热、绝缘性能好和易加工安装等特点 (3) 安装采用承插焊（粘）接、法兰连接、丝扣连接和热熔焊接等方法	(1) 可输送多种酸、碱、盐和有机溶剂 (2) 使用温度范围为－10～40℃，最高温度不能超过60℃。硬聚氯乙烯管使用寿命较短
2	氯化聚氯乙烯管 (CPVC)	氯化聚氯乙烯冷热水管道是新型的输水管道。与其他塑料管材相比，具有刚性大、耐腐蚀、阻燃性能好、导热性能低、线膨胀系数低及安装方便等特点	—
3	聚乙烯管 (PE 管)	无毒、重量轻、韧性好、可盘绕、耐腐蚀。在常温下不溶于任何溶剂，低温性能、抗冲击性和耐久性均比聚氯乙烯好	(1) 饮用水管、雨水管、气体管道、工业耐腐蚀管道等领域 (2) 强度较低，适用于压力较低的工作环境 (3) 耐热性能不好，不能作为热水管使用

续表

序号	名称	特点	应用
4	超高分子量聚乙烯管（UHMWPE）	耐磨性为塑料之冠，断裂伸长率可达410%～470%，管材柔性、抗冲击性能优良，低温下能保持优异的冲击强度，抗冻性及抗震性好，摩擦系数小，具有自润滑性，耐化学腐蚀，热性能优异，可在－169～110℃下长期使用	(1) 适合于寒冷地区 (2) 适用于输送散物料、输送浆体、冷热水、气体等
5	交联聚乙烯管（PEX管）	耐温范围广（－70～110℃）、耐压、化学性能稳定、重量轻、流体阻力小、安装简便、使用寿命长达50年之久，且无味、无毒	用于建筑冷热水管道、供暖管道、雨水管道、燃气管道以及工业用的管道等
6	无规共聚聚丙烯管（PP－R管）	(1) 最轻的热塑性塑料管 (2) 相对聚氯乙烯管、聚乙烯管来说，PP－R管具有较高的强度，较好的耐热性（95℃） (3) PP－R管无毒、耐化学腐蚀，在常温下无任何溶剂能溶解 (4) 缺点：低温脆化温度仅为－15～0℃，在我国北方地区的应用受到一定限制。每段长度有限，且不能弯曲施工	用在冷热水供应系统中
7	聚丁烯管（PB管）	具有很高的耐久性、化学稳定性和可塑性，重量轻，柔韧性好，用于压力管道时耐高温特性尤为突出（－30～100℃），抗腐蚀性能好，可冷弯，使用、安装、维修方便，寿命长（可达50～100年）	用于输送生活用的冷热水
8	工程塑料管（ABS管）	(1) 热塑性塑料管，具有质优耐用的特性 (2) 该管道对于流体介质温度一般要求小于60℃	(1) 广泛用于中央空调、纯水制备和水处理系统中的各用水管道 (2) 用于输送饮用水、生活用水、污水、雨水，以及化工、食品、医药工程中的各种介质

2. 复合管材

安装工程中常用的复合管材包括铝塑复合管、钢塑复合管、钢骨架聚乙烯（PE）管、涂塑钢管、玻璃钢管（FRP管）和硬聚氯乙烯/玻璃钢（UPVC/FRP）复合管等。复合管材的特点及应用见表1-2-5。

表1-2-5 复合管材的特点及应用

名称	特点	应用
铝塑复合管	(1) 铝塑复合管按聚乙烯材料不同分为两种：适用于热水的交联聚乙烯铝塑复合管和适用于冷水的高密度聚乙烯铝塑复合管 (2) 具有聚乙烯塑料管耐腐蚀和金属管耐高压的优点，采用卡套式铜配件连接	用于建筑内配水支管和热水器管

续表

名称	特点	应用
钢塑复合管	(1) 由镀锌管内壁置放一定厚度的 UPVC 塑料而成，同时具有钢管和塑料管材的优越性 (2) 管径为 15～150mm，以铜配件丝扣连接，使用水温为 50℃以下	多用作建筑给水冷水管
涂塑钢管	(1) 具有钢管的高强度、易连接、耐水流冲击等优点 (2) 克服了钢管遇水易腐蚀、污染、结垢及塑料管强度不高、消防性能差等缺点 (3) 设计寿命可达 50 年 (4) 缺点是安装时不得进行弯曲、热加工和电焊切割等作业	主要规格有 ϕ15～ϕ100mm
玻璃钢管（FRP 管）	(1) 合成树脂与玻璃纤维材料，使用模具复合制造而成 (2) 强度大、重量轻	(1) 耐酸碱气体腐蚀，表面光滑，重量轻，强度大，坚固耐用 (2) 可输送氢氟酸和热浓碱以外的腐蚀性介质和有机溶剂
硬聚氯乙烯/玻璃钢管（UPVC/FRP）复合管	性能集 UPVC 耐腐蚀和 FRP 强度高、耐温性好的优点，能在小于 80℃时耐一定压力	应用在油田、化工、机械、轻工和电力等行业

（三）耐热保温和绝热材料

1. 耐热保温材料

耐热保温材料又称耐火隔热材料，它是各种工业用炉的重要筑炉材料。常用的隔热材料有硅藻土、蛭石、玻璃纤维（又称矿渣棉）、石棉，以及它们的制品，如板、管、砖等。

(1) 硅藻土耐火隔热保温材料。目前应用最多、最广。硅藻土耐火保温砖、板、管具有气孔率高、耐高温及保温性能好、密度小等特点。采用这种材料，可以减少热损失，降低燃料消耗，减小炉墙厚度，降低工程造价，缩短窑炉周转时间，提高生产效率。硅藻土砖、板广泛用于电力、冶金、机械、化工、石油、金属冶炼电炉和硅酸盐等工业的各种热体表面及各种高温窑炉、锅炉、炉墙中层的保温绝热部位。硅藻土管广泛用于各种气体、液体高温管道及其他高温设备的保温绝热部位。

(2) 硅酸铝耐火纤维。硅酸铝耐火纤维是轻质耐火材料之一。硅酸铝耐火纤维及其制品（毡、板、砖、管等）广泛用于冶金、机械、建筑、化工和陶瓷工业中的热力设备，如锅炉、加热炉和导管等的耐火隔热材料。

(3) 微孔硅酸钙保温材料。微孔硅酸钙保温材料制品是用硅藻土、石灰、石棉和水玻璃等混合材料压制而成。其表观密度小、强度高、传热系数低，且不燃烧、不腐蚀、无毒和无味，可用于高温设备、热力管道的保温隔热工程。

(4) 矿渣棉制品。矿渣棉制品可用作保温、隔热和吸音材料。

2. 绝热材料

(1) 绝热材料一般是轻质、疏松、多孔的纤维状材料。它既包括保温材料，也包括保冷材料。按其成分不同，可分为有机材料和无机材料两大类。

(2) 热力设备及管道保温用的材料多为无机绝热材料，此类材料具有不腐烂、不燃烧、耐高温等特点，如石棉、硅藻土、珍珠岩、玻璃纤维、泡沫混凝土和硅酸钙等。

(3) 低温保冷工程多用有机绝热材料，此类材料具有表观密度小、导热系数低、原料来源广、不耐高温、吸湿时易腐烂等特点，如软木、聚苯乙烯泡沫塑料、聚氨基甲酸酯、牛毛毡和羊毛毡等。

扫码听课

(四) 防腐材料

常用防腐材料主要采用涂料，涂料的类别、特点及应用见表 1-2-6。

表 1-2-6　常用涂料的类别、特点及应用

涂料类别	特点及应用
漆酚树脂漆	(1) 不耐阳光紫外线照射、涂料不能久置 (2) 应用：化肥、氯碱生产中（防气体腐蚀），地下防潮和防腐蚀涂料
酚醛树脂漆	(1) 电绝缘性、耐油性良好 (2) 耐 60%硫酸、盐酸、一定浓度的醋酸、磷酸、大多数盐类和有机溶剂，不耐强氧化剂和碱 (3) 漆膜较脆，与金属附着力差 (4) 使用温度为 120℃
环氧-酚醛漆	机械性能、耐碱性、耐酸、耐溶、电绝缘性良好
过氯乙烯漆	(1) 有良好的耐酸性气体、耐海水、耐酸、耐油、耐盐雾、防霉、防燃烧等性能 (2) 不耐酚类、酮类、脂类和苯类等有机溶剂介质的腐蚀 (3) 温度过高，则会导致漆膜破坏 (4) 金属表面附着力不强，特别是光滑表面和有色金属表面更为突出，在漆膜没有充分干燥下往往会有漆膜揭皮现象
呋喃树脂漆	(1) 耐酸性、耐碱性、耐温性优良，原料来源广泛，价格低 (2) 不宜直接涂覆在金属、混凝土表面，必须用底漆
聚氨酯漆	(1) 耐盐、耐酸、耐各种稀释剂，施工方便、无毒、造价低 (2) 应用：石油、化工、矿山、冶金等行业的管道，容器，设备以及混凝土构筑物表面防腐领域
三聚乙烯防腐涂料	(1) 机械强度、电性能、抗紫外线、抗老化、抗阳极剥离等性能良好，防腐寿命>20 年 (2) 应用：天然气、石油输配管线，市政管网，油罐，桥梁等防腐工程
氟-46 涂料	(1) 耐强酸、强碱、强氧化剂腐蚀（高温），耐热性、耐寒性好，防污、耐候性杰出，15～20 年不重涂 (2) 应用：耐候性要求很高的桥梁，化工厂设施（美观、防锈蚀）

·典型例题·

［**例题 1 · 单选**］它是最轻的热塑性塑料管材，具有较高的强度、较好的耐热性，且无毒、耐化学腐蚀，但其低温易脆化，每段长度有限，且不能弯曲施工，目前广泛用于冷热水供应系统中。此种管材为（　　）。

A. 聚乙烯管

B. 超高分子量聚乙烯管

C. 无规共聚聚丙烯管

D. 工程塑料管

[**解析**] 本题考查的是无规共聚聚丙烯管的特性。无规共聚聚丙烯管（PP-R管）是最轻的热塑性塑料管，相对聚氯乙烯管、聚乙烯管来说，PP-R管具有较高的强度，较好的耐热性，最高工作温度可达95℃，在1.0MPa下长期（50年）使用温度可达70℃，另外PP-R管无毒、耐化学腐蚀，在常温下无任何溶剂能溶解，目前它被广泛地用在冷热水供应系统中。但其低温脆化温度仅为-15～0℃，在北方地区其应用受到一定限制。每段长度有限，且不能弯曲施工。

[**例题2·单选**] 酚醛树脂漆、过氯乙烯漆及呋喃树脂漆在使用中，其共同的特点为（　　）。

A. 耐有机溶剂介质的腐蚀

B. 具有良好耐碱性

C. 既耐酸又耐碱腐蚀

D. 与金属附着力差

[**解析**] 本题考查的是常用涂料的特点。酚醛树脂漆与金属附着力较差，在生产中应用受到一定限制。过氯乙烯漆与金属表面附着力不强，特别是光滑表面和有色金属表面更为突出，在漆膜没有充分干燥下往往会有漆膜揭皮现象。呋喃树脂漆具有性脆、与金属附着力差、干后会收缩等缺点，因此大部分是采用改性呋喃树脂漆。

[**例题3·单选**] 具有良好的机械强度和抗阳极剥离等性能，广泛用于天然气和石油输配管线、市政管网、油罐、桥梁等防腐工程的涂料为（　　）。

A. 三聚乙烯防腐涂料

B. 环氧煤沥青涂料

C. 聚氨酯漆

D. 漆酚树脂漆

[**解析**] 本题考查的是三聚乙烯防腐涂料的特点。三聚乙烯防腐涂料广泛用于天然气和石油输配管线、市政管网、油罐、桥梁等防腐工程。它主要由聚乙烯、炭黑、改性剂和助剂组成，经熔融混炼造粒而成，具有良好的机械强度、电性能、抗紫外线、抗老化和抗阳极剥离等性能，防腐寿命可达到20年以上。

[**例题4·多选**] 与聚乙烯管（PE管）相比，交联聚乙烯管（PEX管）的主要优点有（　　）。

A. 耐压性能好

B. 韧性好

C. 可用于冷热水管道

D. 可用于供暖及燃气管道

E. 使用寿命短

[**解析**] 本题考查的是交联聚乙烯管的特性。PEX管耐温范围广（-70～110℃）、耐压、化学性能稳定、重量轻、流体阻力小、安装简便、使用寿命长，且无味、无毒。其连接方式有夹紧式、卡环式、插入式三种。PEX管适用于建筑冷热水管道、供暖管道、雨水管道、燃气管道以及工业用的管道等。

答案：1.C　2.D　3.A　4.ACD

二、安装工程常用管件和附件

（一）法兰

1. 按照连接方式分类

法兰按照连接方式分为整体法兰、平焊法兰、对焊法兰、松套法兰、螺纹法兰，见图 1-2-3。

（a）整体法兰

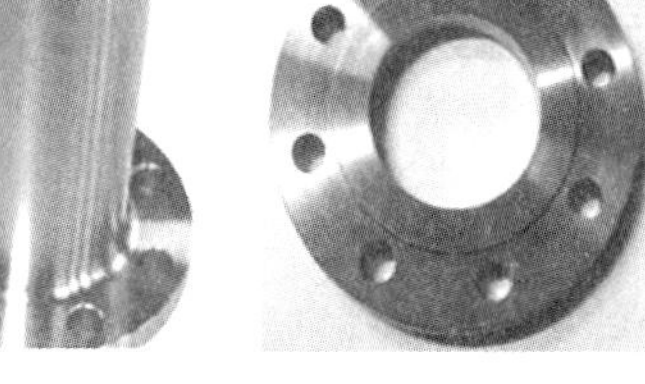

（b）平焊法兰

（c）对焊法兰

（d）松套法兰

（e）螺纹法兰

图 1-2-3 法兰

法兰的类别、特点及应用见表 1-2-7。

表 1-2-7 法兰的类别、特点及应用

法兰类别	特点	应用
整体法兰	与管道和设备制成一体，作为设备的一部分	—
平焊法兰	焊接装配时易对中，价格便宜，应用广泛	适用于压力等级低，压力波动、振动及震荡均不严重的管道
对焊法兰（高颈法兰）	法兰强度增加	适用于工况比较苛刻，应力变化反复，压力、温度大幅度波动，高温、高压及零下低温的管道
松套法兰（活套法兰）	（1）分为焊环活套法兰、翻边活套法兰、对焊活套法兰 （2）法兰附属元件与管子材料一致，法兰（Q235、Q255）可与管子材料不同 （3）法兰不接触介质，易对中螺栓孔，在大口径管道上易于安装，耐压不高	（1）多用于铜、铝等有色金属及不锈钢管道 （2）适用于需要频繁拆卸的地方、输送腐蚀性介质的管道、低压的管道的连接
螺纹法兰	非焊接法兰，安装、维修方便	适用于不允许焊接的场合。但在温度高于260℃和低于－45℃时，不建议使用，以免发生泄漏

2. 按照密封面形式分类

（1）管法兰密封面形式分为全平面（FF）、突面（RF）、凹凸面（MF）、榫槽面（TG）、

O形圈面（OSG）、环连接面（RJ），见图1-2-4。

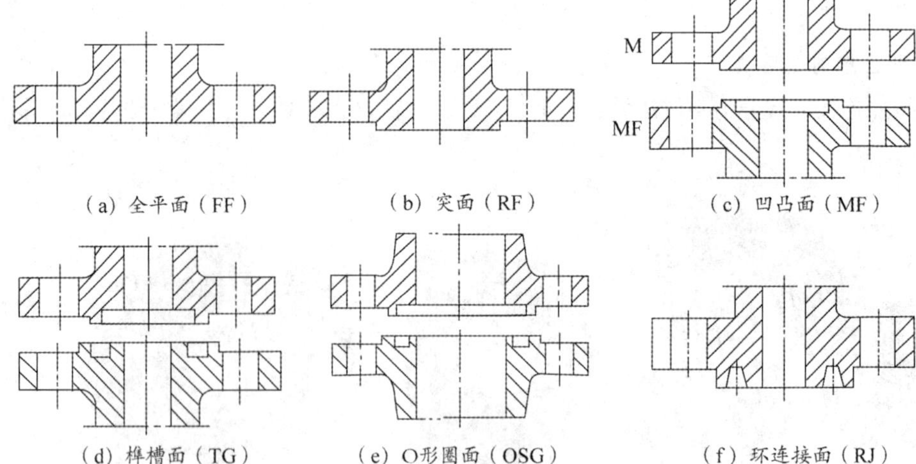

(a) 全平面（FF）　(b) 突面（RF）　(c) 凹凸面（MF）

(d) 榫槽面（TG）　(e) O形圈面（OSG）　(f) 环连接面（RJ）

图1-2-4　管法兰密封面形式

(2) 凹凸面型法兰、榫槽面型法兰实物图见图1-2-5。

(a) 凹凸面型法兰

(b) 榫槽面型法兰

图1-2-5　法兰实物图

(3) 法兰的类型、特点及应用见表1-2-8。

表1-2-8　法兰的类型、特点及应用

法兰类型	特点	应用
凹凸面型	(1) 安装时便于对中，防止垫片被挤出 (2) 垫片宽度大，需较大压紧力	适用于压力稍高的场合
榫槽面型	(1) 垫片受力均匀，密封可靠 (2) 垫片很少受介质冲刷、腐蚀 (3) 法兰造价高。榫面容易损坏，拆装、运输过程中应注意	适用于易燃、易爆、有毒介质、压力较高的重要密封
O形圈面型	(1) 自封作用 (2) 截面尺寸小，重量轻，耗材少，使用简单，安装、拆卸方便 (3) 密封能力良好，压力使用范围宽，静密封工作压力＞100MPa，适用温度：－60～200℃	满足多种介质的使用要求
环连接面型	(1) 窄面法兰 (2) 密封面专门与金属八角形（椭圆形）实体金属垫片配合，实现密封连接。金属环垫依据各种金属的固有特性选用 (3) 密封面的密封性能好，对安装要求不严格	适用于高温、高压工况，但密封面的加工精度较高

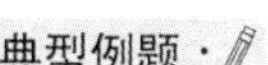

［**例题 1 · 单选**］对高温、高压工况，密封面的加工精度要求较高的管道，应采用环连接面型法兰连接，其配合使用的垫片应为（　　）。

A. O 形密封圈

B. 金属缠绕垫片

C. 齿形金属垫片

D. 八角形实体金属垫片

［**解析**］本题考查环连接面型法兰的特点。环连接面密封的法兰，其密封面专门与用金属材料加工成截面形状为八角形或椭圆形的实体金属垫片配合，实现密封连接。密封面的密封性能好，对安装要求也不太严格，适合于高温、高压工况，但密封面的加工精度较高。

［**例题 2 · 多选**］按法兰密封面形式分类，环连接面型法兰的连接特点有（　　）。

A. 不需与金属垫片配合使用

B. 适用于高温、高压的工况

C. 密封面加工精度要求较高

D. 安装要求不太严格

E. 专门与金属实体垫片配合，适用于低压环境

［**解析**］本题考查环连接面型法兰的特点。环连接面型法兰专门与用金属材料加工成形状为八角形或椭圆形的实体金属垫片配合，实现密封连接。由于金属环垫可以依据各种金属的固有特性来选用，因而这种密封面的密封性能好，对安装要求也不太严格，适合于高温、高压工况，但密封面的加工精度较高。

答案：1. D　2. BCD

（二）阀门

1. 截止阀

截止阀见图 1-2-6。

图 1-2-6　截止阀

（1）特点：结构简单，制造、维修方便，流量可调节，流阻力大；安装时低进高出，不能反装。

（2）应用：适用于热水供应、高压蒸汽管路，不适用于带颗粒和黏性较大的介质。

2. 止回阀

止回阀见图 1-2-7。

图 1-2-7　止回阀

（1）根据结构不同分为升降式（水平管道）、旋启式（水平和垂直管道），见图 1-2-8。

（2）特点：只许介质向一个方向流通，阻止逆向流动。（单向性）

（3）应用：适用于清洁介质，对于带固体颗粒和黏性较大的介质不适用。

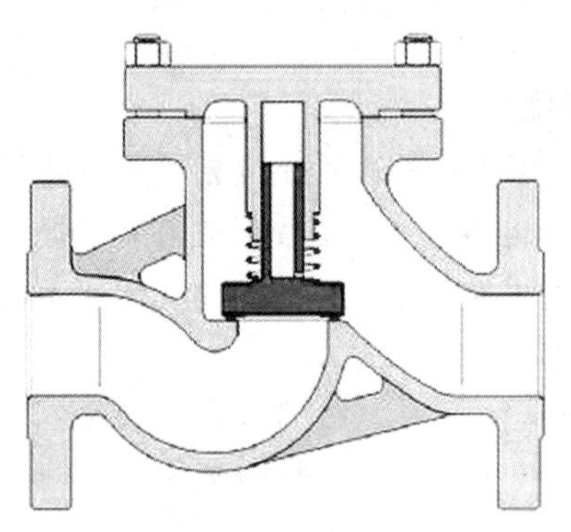

（a）升降式止回阀

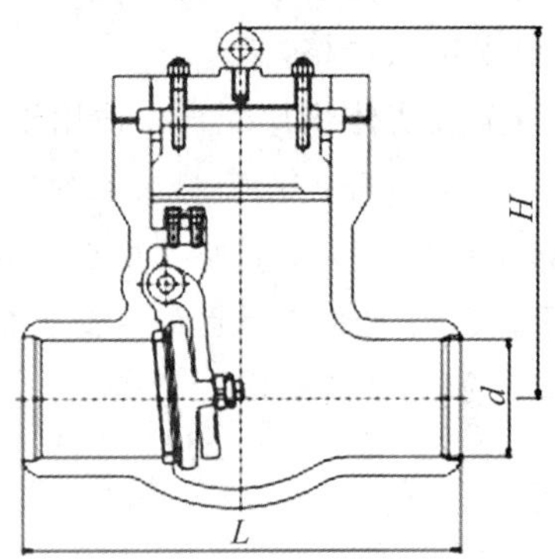

（b）旋启式止回阀

图 1-2-8　止回阀

3. 蝶阀

蝶阀见图 1-2-9。

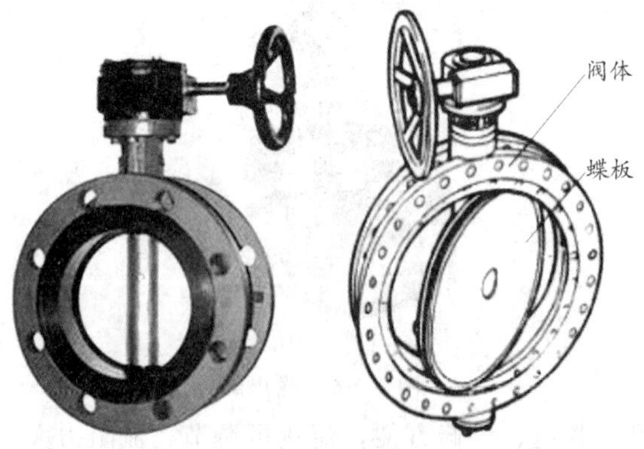

图 1-2-9　蝶阀

（1）特点：结构简单、体积小、重量轻，旋转 90°即可快速启闭，通过阀门产生的压力降很小，流量控制特性较好。蝶阀完全开启时，介质流经阀体的阻力为蝶板厚度。

（2）应用：适合安装在大口径管道上。在石油、煤气、化工、水处理、热电站的冷却水系统应用广泛。

4. 球阀

三片式球阀见图 1-2-10。

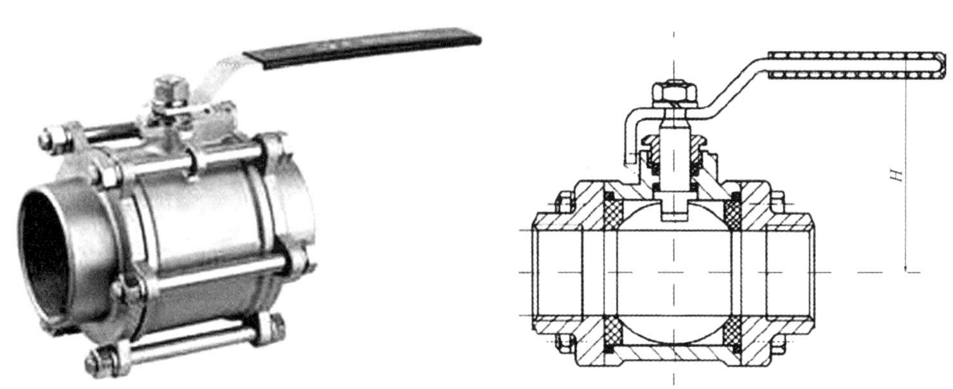

图 1-2-10　三片式球阀

（1）特点：①结构紧凑、密封性能好、结构简单、体积较小、重量轻、材料耗用少；②安装尺寸小、驱动力矩小；③操作简便、易实现快速启闭、维修方便。

（2）应用：适用于水、溶剂、酸和天然气等一般工作介质；适用于工作条件恶劣，含纤维、微小固体颗料等介质。

5. 安全阀

（1）安全阀分为弹簧式和杠杆式两种，见图 1-2-11。

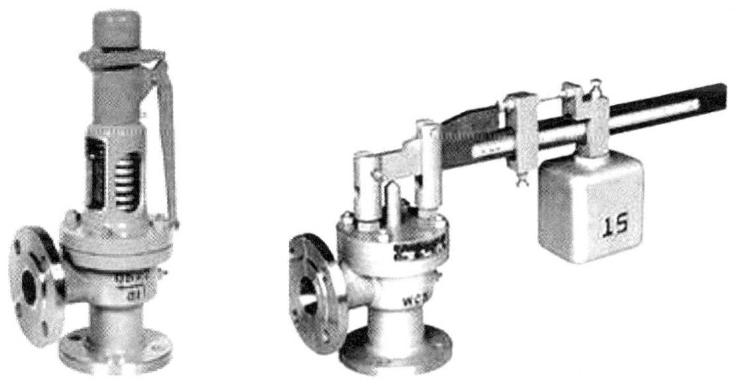

（a）弹簧式安全阀　　（b）杠杆式安全阀

图 1-2-11　安全阀

（2）选用安全阀的主要参数是排泄量，排泄量决定安全阀的阀座口径和阀瓣开启高度。

➢ **注意**：只有球阀适用于含固体颗粒介质环境。

·典型例题·

［**例题 1 · 单选**］具有结构紧凑、体积小、质量轻、驱动力矩小、操作简单、密封性能好的特点，易实现快速启闭，不仅适用于一般工作介质，而且还适用于工作条件恶劣介质的阀门为（　　）。

A. 蝶阀　　　　B. 旋塞阀

C. 球阀　　　　D. 节流阀

[解析] 本题考查球阀的特点及应用。球阀具有结构紧凑、密封性能好、结构简单、体积较小、重量轻、材料耗用少、安装尺寸小、驱动力矩小、操作简便、易实现快速启闭和维修方便等特点，适用于水、溶剂、酸和天然气等一般工作介质，而且还适用于工作条件恶劣的介质，如氧气、过氧化氢、甲烷和乙烯等，且特别适用于含纤维、微小固体颗粒等介质。

[例题 2·单选] 结构简单、体积小、重量轻，且适合安装在大口径管道上，在石化、煤气、水处理及热电站的冷水系统中广泛应用的阀门为（　　）。

A. 截止阀　　B. 闸阀

C. 蝶阀　　D. 节流阀

[解析] 本题考查蝶阀的特点及应用。蝶阀结构简单、体积小、重量轻，只由少数几个零件组成，而且只需旋转90°即可快速启闭，操作简单，同时具有良好的流体控制特性。蝶阀适合安装在大口径管道上。蝶阀不仅在石油、煤气、化工、水处理等一般工业上得到广泛应用，而且还应用于热电站的冷却水系统。

[例题 3·多选] 蝶阀广泛应用于石油、化工、煤气、水处理等领域，其结构和使用特点有（　　）。

A. 结构较复杂、体积较大　　B. 可快速启闭、操作简单

C. 具有较好的流量控制特性　　D. 适合安装在大口径管道上

E. 流量控制特性差、结构复杂

[解析] 本题考查蝶阀的特点及应用。蝶阀结构简单、体积小、重量轻，只由少数几个零件组成，而且只需旋转90°即可快速启闭，操作简单，同时具有良好的流体控制特性。适合安装在大口径管道上。

答案：1. C　2. C　3. BCD

（三）补偿器

1. 自然补偿器

（1）自然补偿器分为 L 形、Z 形两种。

（2）缺点：管道变形时产生横向位移，补偿的管段小。

2. 人工补偿器

人工补偿利用管道补偿器来吸收热能产生变形，常用的有方形补偿器、填料式补偿器、波形补偿器、球形补偿器。常用人工补偿器的特点及应用见表 1-2-9。

表 1-2-9　常用人工补偿器的特点及应用

类型	特点	图例
方形补偿器	（1）优点：制造方便，补偿能力大，轴向推力小，维修方便，运行可靠 （2）缺点：占地面积较大	

续表

类型	特点	图例
填料式补偿器	(1) 优点：安装方便，占地面积小，流体阻力较小，补偿能力大 (2) 缺点：轴向推力大，易漏水漏汽，需经常检修、更换填料 (3) 用途：安装方形补偿器时空间不够的场合	
波形补偿器	(1) 优点：结构紧凑，只发生轴向变形，与方形补偿器相比占据空间位置小 (2) 缺点：制造困难、耐压低、补偿能力小、轴向推力大。波形管的外形尺寸、壁厚、管径大小影响补偿能力 (3) 用途：热力管道、管径较大、压力较低的场合	
球形补偿器	(1) 优点：①成对使用；②补偿能力大，流体阻力、变形应力、对固定支座的作用力小；③远距离热能的输送，出现渗漏时，不停气减压可维护 (2) 用途：①热力管道中，补偿热膨胀，其补偿能力为一般补偿器的 5～10 倍；②冶金设备的汽化冷却系统中，作万向接头；③建筑物管道中，防止因地基产生不均匀下沉或振动对管道产生的破坏	

三、常用电气和通信材料

（一）电气材料

1. 导线

导线一般采用铜、铝、铝合金和钢等材料制造。导线按照线芯结构一般可以分为单股导线和多股导线两大类，按照有、无绝缘和导线结构可以分为裸导线和绝缘导线两大类。

（1）裸导线是没有绝缘层的导线，包括铜线、铝线、铝绞线、铜绞线、钢芯铝绞线和各种型线等。裸导线主要用于户外架空电力线路以及室内汇流排和配电柜、箱内连接等用途。

（2）绝缘导线由导电线芯、绝缘层和保护层组成，常用于电气设备、照明装置、电工仪表、输配电线路的连接等。常用绝缘导线的型号、名称和用途见表 1-2-10。

表 1-2-10　常用绝缘导线的型号、名称和用途

型号	名称	用途
BX（BLX） BXF（BLXF） BXR	铜（铝）芯橡皮绝缘线 铜（铝）芯氯丁橡皮绝缘线 铜芯橡皮绝缘软线	适用于交流 500V 及以下，或直流 1 000V及以下的电气设备及照明装置
BV（BLV） BVV（BLVV） BVVB（BLVVB） BVR BV－105	铜（铝）芯聚氯乙烯绝缘线 铜（铝）芯聚氯乙烯绝缘氯乙烯护套圆形电线 铜（铝）芯聚氯乙烯绝缘氯乙烯护套平形电线 铜芯聚氯乙烯绝缘软线 铜芯耐热 105℃聚氯乙烯绝缘软线	适用于各种交流、直流电气装置，电工仪表、仪器，电信设备，动力及照明线路固定敷设

续表

型号	名称	用途
RV RVB RVS RV－105 RXS RX	铜芯聚氯乙烯绝缘软线 铜芯聚氯乙烯绝缘平形软线 铜芯聚氯乙烯绝缘绞型软线 铜芯耐热105℃聚氯乙烯绝缘连接软电线 铜芯橡皮绝缘棉纱编织绞型软电线 铜芯橡皮绝缘棉纱编织圆形软电线	(1) 适用于各种交、直流电器、电工仪器、家用电器、小型电动工具、动力及照明装置的连接 (2) 适用电压分别有500V和250V两种，用于室、内外明装固定敷设或穿管敷设
BBX BBLX	铜芯橡皮绝缘玻璃丝编织电线 铝芯橡皮绝缘玻璃丝编织电线	—

2. 电力电缆

电力电缆是用于传输和分配电能的一种电缆。按敷设方式和使用性质，电力电缆可分为普通电缆、直埋电缆、海底电缆、架空电缆、矿山井下用电缆和阻燃电缆等种类。按绝缘方式可分为聚氯乙烯绝缘、交联聚乙烯绝缘、油浸纸绝缘、橡皮绝缘和矿物绝缘等。

(1) 电缆的型号表示法。电缆型号的内容包含用途类别、绝缘材料、导体材料、铠装保护层等，电缆型号含义见表1-2-11。

表1-2-11　电缆型号含义

类别	导体	绝缘	内护套	特征
电力电缆（省略不表示） K：控制电缆 P：信号电缆 YT：电梯电缆 U：矿用电缆 Y：移动式软缆 H：市内电话缆 UZ：电钻电缆 DC：电气化车辆用电缆	T：铜 （可省略） L：铝线	Z：油浸纸 X：天然橡胶 (X) D：丁基橡胶 (X) E：乙丙橡胶 VV：聚氯乙烯 Y：聚乙烯 YJ：交联聚乙烯 E：乙丙胶	Q：铅套 L：铝套 H：橡套 (H) P：非燃性 HF：氯丁胶 V：聚氯乙烯护套 Y：聚乙烯护套 VF：复合物 HD：耐寒橡胶	D：不滴油 F：分相 CY：充油 P：屏蔽 C：滤尘用或重型 G：高压

(2) 常用电缆及其特性。

1) 电缆有外护层时，在表示型号的汉语拼音字母后面用两个阿拉伯数字来表示外护层的结构。其外护层的结构按铠装层和外被层的结构顺序用阿拉伯数字表示，前一个数字表示铠装结构，后一个数字表示外被层结构类型。电缆通用外护层型号数字含义见表1-2-12。

表1-2-12　电缆通用外护层型号数字含义

第一个数字		第二个数字	
代号	铠装层类型	代号	外被层类型
0	无	0	无
1	钢带	1	纤维线包
2	双钢带	2	聚氯乙烯护套
3	细圆钢丝	3	聚乙烯护套
4	粗圆钢丝	4	—

2) 交联聚乙烯绝缘电力电缆简称XLPE电缆，它是利用化学或物理的方法使电缆的绝缘材料聚乙烯塑料的分子由线型结构转变为立体的网状结构，即把原来是热塑性的聚乙烯转变成热固性的交联聚乙烯塑料，从而大幅度地提高电缆的耐热性能和使用寿命，且仍保持其优良的电气性能。其型号、名称及适用范围见表1-2-13。

表 1-2-13　交联聚乙烯绝缘电力电缆型号、名称及适用范围

电缆型号		名称	适用范围
铜芯	铝芯		
YJV	YJLV	交联聚乙烯绝缘聚氯乙烯护套电力电缆	室内，隧道，穿管，埋入土内（不承受机械力）
YJY	YJLY	交联聚乙烯绝缘聚乙烯护套电力电缆	
YJV_{22}	$YJLV_{22}$	交联聚乙烯绝缘聚氯乙烯护套双钢带铠装电力电缆	室内，隧道、穿管，埋入土内
YJV_{23}	$YJLV_{23}$	交联聚乙烯绝缘聚氯乙烯护套双钢带铠装电力电缆	
YJV_{32}	$YJLV_{32}$	交联聚乙烯绝缘聚氯乙烯护套细钢丝铠装电力电缆	竖井，水中，有落差的地方，能承受外力
YJV_{33}	$YJLV_{33}$	交联聚乙烯绝缘聚氯乙烯护套细钢丝铠装电力电缆	

3）衍生电缆：阻燃电缆、耐火电缆、低烟无卤/低烟低卤电缆、防白蚁/老鼠电缆、耐油/耐寒/耐温/耐磨电缆、预分支电缆等，在电缆代号前加字母表示。

表示方法举例：ZR-YJ（L）V_{22}-3×120-10-300 表示：铜（铝）芯交联聚乙烯绝缘、聚氯乙烯护套、双钢带铠装、三芯、120mm^2、电压 10kV、长度为 300m 的阻燃电力电缆。

NH-VV_{22}（3×25＋1×16）表示：铜芯、聚氯乙烯绝缘和护套、双钢带铠装、三芯 25mm^2、一芯 16mm^2 的耐火电力电缆。

$YJLV_{22}$表示：铝芯、交联聚乙烯绝缘、聚氯乙烯内护套、双钢带铠装、聚氯乙烯外护套电力电缆。

3. 控制电缆及综合布线电缆

（1）控制电缆适用于交流 50Hz，额定电压 450/750V、600/1 000V 及以下的工矿企业、现代化高层建筑等的远距离操作、控制、信号及保护测量回路。电力电缆和控制电缆的区别：

1）电力电缆有铠装和无铠装的，控制电缆一般有编织的屏蔽层。

2）电力电缆通常线径较粗，控制电缆截面一般不超过 10mm^2。

3）电力电缆有铜芯和铝芯，控制电缆一般只有铜芯。

4）电力电缆有高耐压的，所以绝缘层厚；控制电缆一般是低压的，绝缘层相对要薄。

5）电力电缆芯数少（一般少于 5）；控制电缆一般芯数多。

（2）综合布线系统使用的传输媒体有各种大对数铜缆和各类非屏蔽双绞线及屏蔽双绞线。

（二）通信线缆

有线传输常用双绞线、同轴电缆和光缆为介质。双绞线和同轴电缆传输电信号，光缆传输光信号。

1. 同轴电缆

（1）同轴电缆是指有两个同心导体，而导体和屏蔽层又共用同一轴心的电缆，见图1-2-12。

（2）电缆的芯线越粗，其损耗越小。长距离传输多采用内导体粗的电缆。

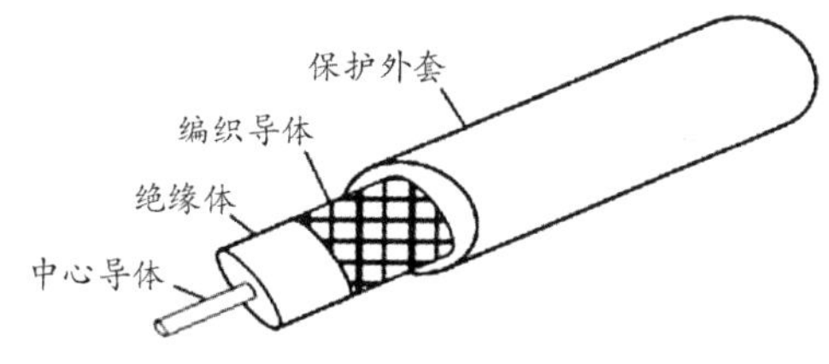

图 1-2-12　同轴电缆

2. 双绞线（双绞电缆）

双绞线是由两根绝缘的导体扭绞封装在一个绝缘外套中而形成的一种传输介质，通常以

“对”为单位，并把它作为电缆的内核，根据用途不同，其芯线要覆以不同的护套。扭绞的目的是使对外的电磁辐射和遭受外部的电磁干扰减少到最小，见图 1-2-13。

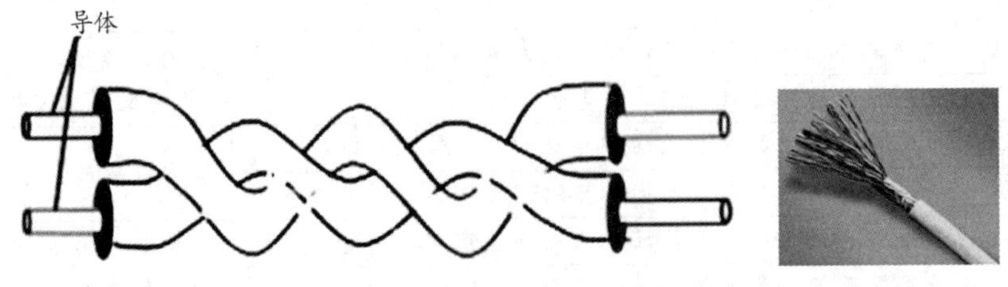

图 1-2-13 双绞线（双绞电缆）

3. 光缆

（1）按光在光纤中的传输模式可分为多模光纤和单模光纤。

（2）用光缆传输电视信号具有传输损耗小、频带宽、传输容量大、频率特性好、抗干扰能力强、安全可靠等优点，是有线电视信号传输技术手段的发展方向。

光缆结构见图 1-2-14。

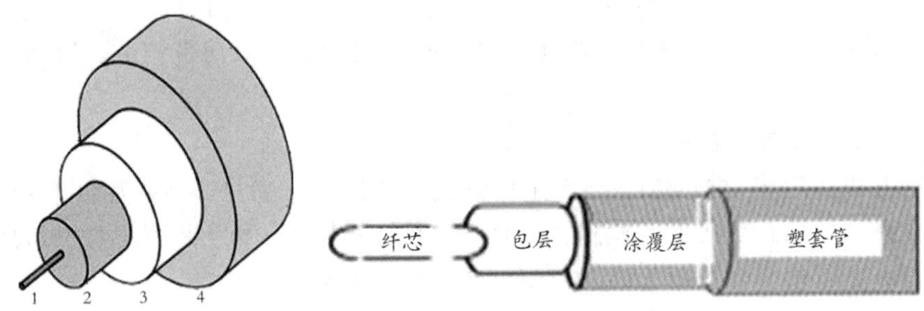

图 1-2-14 光缆结构

·典型例题·

［**例题 1·单选**］交联聚乙烯绝缘电力电缆在竖井、水中、有落差的地方及承受外力情况下敷设时，应选用的电缆型号为（　　）。

A. VLV　　B. YJV_{22}　　C. VLV_{22}　　D. YJV_{32}

［**解析**］在竖井、水中、有落差的地方及承受外力情况下敷设时，应选用的交联聚乙烯绝缘电力电缆型号为 YJV_{32}、$YJLV_{32}$、YJV_{33}、$YJLV_{33}$。

［**例题 2·单选**］电缆通用外护层型号“22”表示含义为（　　）。

A. 双钢带铠装聚乙烯护套　　B. 双钢带铠装聚氯乙烯护套

C. 细圆钢丝铠装聚乙烯护套　　D. 细圆钢丝铠装聚氯乙烯护套

［**解析**］电缆通用外护层型号数字中第一个“2”代表双钢带；第二个“2”代表聚氯乙烯护套。

［**例题 3·单选**］缆型号为：$NH\text{-}VV_{22}$（3×25＋1×16）表示的是（　　）。

A. 铜芯、聚乙烯绝缘和护套、双钢带铠装、三芯 $25mm^2$、一芯 $16mm^2$ 耐火电力电缆

B. 铜芯、聚乙烯绝缘和护套、钢带铠装、三芯 $25mm^2$、一芯 $16mm^2$ 阻燃电力电缆

C. 铜芯、聚氯乙烯绝缘和护套、双钢带铠装、三芯 $25mm^2$、一芯 $16mm^2$ 耐火电力电缆

D. 铜芯、聚氯乙烯绝缘和护套、钢带铠装、三芯 $25mm^2$、一芯 $16mm^2$ 阻燃电力电缆

［**解析**］NH 表示耐火；VV 表示聚氯乙烯护套；22 表示双钢带铠装；3×25＋1×16 表示三芯 $25mm^2$、一芯 $16mm^2$；电缆前无字母表示铜芯。

［**例题 4 · 单选**］双绞线是由两根绝缘的导体扭绞封装而成，其扭绞的目的是（　　）。

A. 将对外的电磁辐射和外部的电磁干扰减到最小

B. 将对外的电磁辐射和外部的电感干扰减到最小

C. 将对外的电磁辐射和外部的频率干扰减到最小

D. 将对外的电感辐射和外部的电感干扰减到最小

［**解析**］双绞线是由两根绝缘的导体扭绞封装在一个绝缘外套中而形成的一种传输介质，通常以“对”为单位，并把它作为电缆的内核，根据用途不同，其芯线要覆以不同的护套。扭绞的目的是使对外的电磁辐射和遭受外部的电磁干扰减少到最小。

答案：1. D　2. B　3. C　4. A

第三节　安装工程常用施工机械及检测仪表的类型及应用

一、切割和焊接

（一）切割

1. 机械切割

常用切割机械有剪板机（见图 1-3-1）、弓锯床（见图 1-3-2）、螺纹钢筋切断机（见图 1-3-3）、砂轮切割机（见图 1-3-4）。

图 1-3-1　剪板机

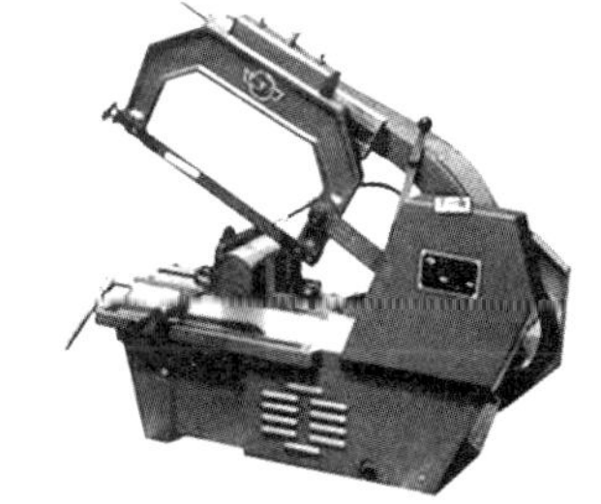

图 1-3-2　弓锯床

图 1-3-3　螺纹钢筋切断机

图 1-3-4　砂轮切割机

2. 火焰切割

（1）按燃气种类分为氧-乙炔火焰切割（气割）、氧-丙烷火焰切割、氧-天然气火焰切割和氧-氢火焰切割。氧-乙炔火焰切割、氧-丙烷火焰切割应用广泛。

（2）火焰切割过程：预热→燃烧→吹渣。

（3）符合气割条件的金属有纯铁、低碳钢、中碳钢、低合金钢、钛。不能应用气割的有铸铁、不锈钢、铝和铜，可用等离子弧切割。

（4）氧-丙烷火焰切割与氧-乙炔火焰切割相比，具有以下优点：

1）丙烷点火温度（580℃）＞乙炔点火温度（305℃），丙烷爆炸范围比乙炔窄，故氧-丙烷火焰切割安全性高。

2）丙烷容易制取，成本低廉，易于液化、灌装，环境污染小。

3）氧-丙烷火焰温度适中，选用合理的切割参数切割时，切割面上缘无明显的烧塌现象，下缘不挂渣。切割面粗糙度好。

（5）氧-丙烷火焰切割的缺点：火焰温度低，切割预热时间长，氧气消耗量高，但总切割成本低。

3. 电弧切割

电弧切割按生产电弧的不同分为等离子弧切割和碳弧气割。其类别及应用见表 1-3-1。

表 1-3-1　电弧切割的类别及应用

类别	应用
等离子弧切割（见图 1-3-5）	（1）可切割不锈钢、高合金钢、铸铁、铝、铜、钨、钼和陶瓷、水泥、耐火材料等（金属、非金属） （2）最大切割厚度：300mm
碳弧气割（见图 1-3-6）	（1）金属上加工沟槽 （2）加工焊缝坡口，特别适用于开 U 形坡口 （3）可进行全位置操作 （4）不能切割不锈钢

图 1-3-5　等离子弧切割

刨钳
电极（碳棒）
给进电极
(+)
刨钳方向
压缩空气流
(−)
工件

图 1-3-6　碳弧气割

4. 激光切割

激光切割（见图 1-3-7）可分为激光汽化切割、激光熔化切割、激光氧气切割和激光划片与控制断裂四类。主要特点有：

（1）切口宽度小（如 0.1mm 左右）、切割精度高、速度快、质量好。

（2）可切割多种材料（金属、非金属、金属基和非金属基复合材料、皮革、木材、纤维）。

（3）只能切割中、小厚度的板材和管材。

（4）设备费用高，一次性投资大。

图 1-3-7　激光切割

·典型例题·

［例题 1·单选］能够切割金属与非金属材料，且能切割大厚工件的切割方法为（　　）。

A. 氧熔剂切割

B. 等离子弧切割

C. 碳弧气割

D. 激光切割

［解析］本题考查等离子弧切割的特点。氧熔剂切割是火焰切割，只能切割 5 种金属；碳弧气割是通过物理反应的切割，但一般只用于金属；激光切割可切割多种材料（金属与非金属），但切割大厚板时有困难；而等离子弧切割能够切割绝大部分金属和非金属材料，如不锈钢、铝、铜、铸铁、钨、钼、陶瓷、水泥、耐火材料等，最大切割厚度可达 300mm。

［例题 2·单选］铜、铝等有色金属不能用一般气割方法进行切割，其根本原因是（　　）。

A. 金属在氧气中的燃烧点高于其熔点

B. 金属氧化物的熔点低于金属的熔点

C. 金属在切割氧流中的燃烧是吸热反应

D. 金属的导热性能太高

［解析］本题考查气割金属的条件。气割过程是预热→燃烧→吹渣过程，但并不是所有金属都能满足这个过程的要求，只有符合下列条件的金属才能进行气割：①金属在氧气中的燃烧点应低于其熔点；②气割时金属氧化物的熔点应低于金属的熔点，且流动性要好；③金属在切割氧流中的燃烧应是放热反应，金属的导热性要低。铜、铝等有色金属在氧气中的燃烧点高于其熔点，导热性能也很高，所以选项 A、D 均对，但是进行气割时，金属先要燃烧，否则的话，后续条件都谈不上，选项 A 符合题意。

答案：1. B　2. A

（二）焊接

常用的焊接方法主要有电弧焊、电阻焊、钎焊、螺柱焊和其他焊接方法。

1. 电弧焊

以电极与工件之间燃烧的电弧作为热源，是目前应用最广泛的焊接方法。主要有以下几种方法，见表 1-3-2。

表 1-3-2 电弧焊特点及应用

电弧焊	特点及应用
手工电弧焊	优点：①操作灵活，特别适用于机械难以到达部位的焊接；②使用方便、设备简单、投资少
	缺点：①焊接生产效率低；②劳动条件差；③焊接质量不稳定
	应用：①应用范围广，适用于碳钢、不锈钢、铸铁、铜、铝、镍及合金，各种厚度、结构形状的焊接；②可进行平焊、立焊、横焊和仰焊等多位置焊接
埋弧焊	优点：①热效率高，熔深大，坡口小，金属填充量小；②焊接速度快；③焊接质量好，减少气孔、裂纹等缺陷；④有风环境中，保护效果好
	缺点：①不能焊接铝、钛等氧化性强的金属及其合金；②容易焊偏；③不适合焊接厚度小于1mm的薄板
	应用：只适用于水平位置、长焊缝的焊接
钨极惰性气体保护焊（TIG 焊）	优点：①钨极不熔化；②焊接过程稳定，易实现自动化；③保护效果好，焊缝质量高
	缺点：①熔深浅，熔敷速度小，生产率低；②不适宜野外作业；③惰性气体（氩气、氦气）价格高，生产成本高
	应用：①适用于薄板（6mm 以下）、超薄板焊接；②可焊接化学活泼性较强的有色金属、不锈钢、耐热钢、各种合金；③某些黑色和有色金属的厚壁重要构件（如压力容器及管道）
熔化极气体保护焊（MIG 焊）	优点：①焊接速度快，熔敷效率、劳动生产率高；②可直流反接，焊接铝、镁等金属时有阴极雾化作用，可去除氧化膜，提高接头的焊接质量；③不采用钨极，成本比 TIG 焊低
	应用：尤其适合于焊接有色金属、不锈钢、耐热钢、碳钢、合金钢
CO_2 气体保护焊	优点：①生产效率高；②焊接变形小、质量高；③焊缝抗裂性能高，焊缝低氢、含氮量少；④低成本；⑤明弧焊，可见性好，操作简便
	缺点：①飞溅大，焊缝成形差；②抗风能力差；③交流电源难焊接，焊接设备复杂
	应用：①全位置焊接；②不能焊接容易氧化的有色金属
等离子弧焊	优点：①是一种不熔化极电弧焊；②等离子弧能量集中、温度高；③焊接速度快，生产率高；④焊缝致密、成形美观
	缺点：设备复杂、气体耗量大，费用高，只宜在室内焊接
	应用：①穿透能力强，一次行程完成 8mm 以下直边对接接头单面焊双面成型的焊缝；②电弧挺直度、方向性好，可焊接薄壁结构（1mm 以下金属箔）

2. 电阻焊

电阻焊是以电阻热为能源的焊接方法，有三种基本类型，即点焊、缝焊和对焊。

3. 钎焊

利用熔点比被焊材料的熔点低的金属作钎料，经过加热使钎料熔化，靠毛细管作用将钎料吸入到接头接触面的间隙内，润湿金属表面，使固相与液相之间相互扩散而形成钎焊接头。

4. 螺柱焊

将螺柱一端与板件（或管件）表面接触通电引弧，待接触面熔化后，在螺柱上加一定压力完成焊接的方法。LNG 罐顶部防潮层钢板外侧需焊接大量的混凝土挂钉，采用螺柱焊的方法可提高十几倍功效。

5. 其他焊接方法

包括电子束焊、激光焊、闪光对焊、超声波焊、摩擦焊、爆炸焊、电渣焊、高频焊、气焊、气压焊、冷压焊、扩散焊等。

（三）无损探伤

1. 射线探伤（RT）

射线探伤（RT）的相关内容见表1-3-3。

表1-3-3　射线探伤（RT）的相关内容

类型	优点	缺点	缺陷类型
X射线	照射时间短、速度快、灵敏度高	穿透力弱，设备复杂、笨重，成本高，操作麻烦	内部缺陷
γ射线探伤	射线硬，穿透力强；设备轻便灵活，投资少，成本低	波长短，曝光时间长，灵敏度低，对人体有害	
中子射线检测	能够检验封闭在高密度金属材料中的低密度材料		

2. 超声波探伤（UT）

超声波探伤（UT）的相关内容见表1-3-4。

表1-3-4　超声波探伤（UT）的相关内容

优点	与X射线探伤相比，探伤灵敏度高、周期短、成本低、灵活方便、效率高，对人体无害
缺点	工作表面平滑、富有经验的检验人员才能辨别缺陷种类、对缺陷没有直观性
应用	适合于厚度较大的零件

3. 涡流探伤

涡流探伤的相关内容见表1-3-5。

表1-3-5　涡流探伤的相关内容

原理	电磁感应，检测导电构件表面和近表面缺陷
优点	（1）检测速度快，探头与试件可不直接接触，无须耦合剂，实现自动化 （2）可以一次测量多种参数
缺点	（1）只适用于导体，难检查形状复杂试件 （2）只能检查薄或厚试件的表面、近表面缺陷

4. 磁粉探伤（MT）

磁粉探伤（MT）的相关内容见表1-3-6。

表1-3-6　磁粉探伤（MT）的相关内容

原理	被磁化工件存在缺陷时，缺陷处磁阻增大产生漏磁，形成局部磁场，磁粉在此处显示缺陷的形状和位置
优点	设备简单、操作容易、检验迅速、具有较高的探伤灵敏度，几乎不受试件大小和形状的限制
缺点	（1）只能用于铁磁性材料 （2）只能检测表面和近表面缺陷，探测深度1～2mm （3）难检测宽而浅的缺陷 （4）检测后需退磁、清洗；试件表面不得有油脂或其他能黏附磁粉的物质

5. 液体渗透探伤（PT）

液体渗透探伤（PT）的相关内容见表1-3-7。

表 1-3-7　液体渗透探伤（PT）的相关内容

优点	（1）不受被检试件几何形状、尺寸大小、化学成分、内部组织结构限制，一次操作同时检验所有缺陷 （2）速度快，灵敏度高；直观简便。费用低廉，缺陷显示直观
缺点	（1）只能检出试件开口于表面的缺陷 （2）不能显示缺陷的深度、内部形状、大小
适用环境	（1）黑色和有色金属锻件、铸件、焊接件、机加工件以及陶瓷、玻璃、塑料等表面缺陷的检查 （2）结构疏松的粉末冶金零件及其他多孔性材料不适用

➤ **总结**：无损探伤的检测方法及其相关特点总结见表 1-3-8。

表 1-3-8　无损探伤的检测方法及其相关特点总结

检测方法	特点	类型
射线探伤	X 射线：照射时间短、速度快、灵敏度高，穿透力小	内部缺陷
超声波探伤	不直观，主观性大	
磁性探伤	铁磁性材料	表面或近表面缺陷
涡流探伤	只适用于导体，形状复杂试件难检查	
渗透探伤	开口于表面缺陷	

·典型例题·

［**例题 1·单选**］点焊、缝焊和对焊是某种压力焊的三个基本类型，这种压力焊是（　　）。

A. 电渣压力焊　　B. 电阻焊

C. 摩擦焊　　D. 超声波焊

［**解析**］本题考查电阻焊的类别。电阻焊有三种基本类型，即点焊、缝焊和对焊。

［**例题 2·单选**］熔化焊焊接时，不适于焊接 1mm 以下薄钢板的焊接方法是（　　）。

A. CO_2气体保护焊　　B. 等离子弧焊

C. 埋弧焊　　D. 钨极惰性气体保护焊

［**解析**］本题考查埋弧焊的特点。埋弧焊不适于焊接厚度小于 1mm 的薄板，其他三种焊接方法明确指出可以用于薄板焊接。

［**例题 3·单选**］与熔化极气体保护焊相比，钨极氩弧焊所不同的特点是（　　）。

A. 可进行各种位置的焊接　　B. 可焊接化学活泼性强的有色金属

C. 可焊接有特殊性能的不锈钢　　D. 熔深浅，熔敷速度小

［**解析**］本题考查钨极惰性气体保护焊的特点。钨极惰性气体保护焊的缺点有：①熔深浅，熔敷速度小，生产率较低；②只适用于薄板（6mm 以下）及超薄板材料焊接；③气体保护幕易受周围气流的干扰，不适宜野外作业；④惰性气体（氩气、氦气）较贵，生产成本较高。熔化极气体保护焊的特点：①和 TIG 焊一样，它几乎可以焊接所有的金属，尤其适合于焊接有色金属、不锈钢、耐热钢、碳钢、合金钢等材料；②焊接速度较快，熔敷效率较高，劳动生产率高；③MIG 焊可直流反接，焊接铝、镁等金属时有良好的阴极雾化作用，可有效去除氧化膜，提高了接头的焊接质量；④不采用钨极，成本比 TIG 焊低。两者对比，选项 D 正确。

［**例题 4·单选**］无损检测时，关于涡流探伤特点的说法，正确的是（　　）。

A. 仅适用于铁磁性材料的缺陷检测

B. 对形状复杂的构件作检查时表现出优势

C. 可以一次测量多种参数

D. 要求探头与工件直接接触，检测速度快

［解析］本题考查涡流探伤的特点。涡流探伤只能检查金属材料和构件的表面和近表面缺陷。可以一次测量多种参数。主要优点是检测速度快，探头与试件可不直接接触，无须耦合剂。主要缺点是只适用于导体，对形状复杂试件难作检查，只能检查薄试件或厚试件的表面、近表面缺陷。

［例题5·多选］无损检测时，关于射线探伤特点的说法，正确的有（　　）。

A. X射线照射时间短，速度快

B. γ射线穿透能力比X射线强，灵敏度高

C. γ射线投资少，成本低，施工现场使用方便

D. 中子射线检测能够检测封闭在高密度金属材料中的低密度非金属材料

E. X射线探伤灵敏度高于γ射线

［解析］本题考查射线探伤的特点。X射线探伤的优点是灵敏度高，特别是当焊缝厚度小于30mm时，较γ射线灵敏度高，其次是照射时间短、速度快。缺点是设备复杂、笨重，成本高，操作麻烦，穿透力较γ射线弱。γ射线的优点是射线硬，穿透力强；设备轻便灵活，投资少，成本低。中子射线检测的独特优点是能够检验封闭在高密度金属材料中的低密度材料，如非金属材料。

［例题6·多选］埋弧焊是工业生产中常用的焊接方法，其主要优点有（　　）。

A. 热效率较高，工件坡口可较小

B. 焊接速度快，生产效率高

C. 焊接中产生气孔、裂缝的可能性较小

D. 适用于各种厚度板材的焊接

E. 适用于各种位置的焊接

［解析］本题考查埋弧焊的特点。埋弧焊的主要优点有：①热效率较高，熔深大，工件的坡口可较小，减少了填充金属量；②焊接速度高；③焊接质量好，焊剂的存在不仅能隔开熔化金属与空气的接触，而且使熔池金属较慢地凝固，减少了焊缝中产生气孔、裂纹等缺陷的可能性。主要缺点有：①由于采用颗粒状焊剂，这种焊接方法一般只适用于水平位置焊缝焊接；②不能直接观察电弧与坡口的相对位置，容易焊偏；③不适合焊接厚度小于1mm的薄板。

答案：1. B　2. C　3. D　4. C　5. ACDE　6. ABC

二、安装工程常用施工机械类型及应用

（一）起重机械的分类

安装工程常用的起重机械有轻小型起重设备、起重机等。

1. 轻小型起重设备

轻小型起重设备可分为千斤顶、滑车、起重葫芦、卷扬机四大类。

（1）千斤顶：分为机械千斤顶（包括螺旋式、齿条式）、油压千斤顶（包括立式、立卧式）等。

（2）滑车（或称起重滑车、起重滑轮组）：分为吊钩型滑车、链环型滑车、吊环型滑车。

（3）起重葫芦：分为手拉葫芦、手扳葫芦、电动葫芦、气动葫芦、液动葫芦等。

（4）卷扬机：分为卷绕式卷扬机（包括单卷筒、双卷筒、多卷筒）、摩擦式卷扬机。

2. 起重机

起重机可分为桥架型起重机、臂架型起重机、缆索型起重机三大类。

(1) 桥架型起重机主要有梁式起重机、桥式起重机、门式起重机、半门式起重机等。

(2) 臂架型起重机。

1) 臂架型起重机共分十一个类别，主要有门座起重机和半门座起重机、塔式起重机、流动式起重机、铁路起重机、桅杆起重机、悬臂起重机等。

2) 建筑、安装工程常用的臂架型起重机有塔式起重机、流动式起重机、桅杆式起重机。

3) 流动式起重机主要有履带起重机、汽车起重机、轮胎起重机、全地面起重机、随车起重机。流动式起重机能在带载或不带载情况下沿无轨路面行驶，且依靠自重保持稳定。

(3) 缆索型起重机按其构造形式可分为固定式缆索起重机、摇摆式缆索起重机、平移式缆索起重机、辐射式缆索起重机和门式缆索起重机。

(二) 轻小型起重设备的使用要求

1. 千斤顶的使用要求

(1) 千斤顶必须安放于稳固平整结实的基础上，通常应在座下垫以木板或钢板，以加大承压面积，防止千斤顶下陷或歪斜。

(2) 千斤顶头部与被顶物之间可垫以薄木板、铝板等软性材料，使其头部与被顶物全面接触，用以增加摩擦，防止千斤顶受力后滑脱。

(3) 使用千斤顶时，应在其旁边设置保险垫块，随着工件的升降及时调整保险垫块的高度。

(4) 当数台千斤顶同时并用时，操作中应保持同步，使每台千斤顶所承受的载荷均小于其额定荷载。

(5) 千斤顶应在允许的顶升高度内工作，当顶出至红色警示线时，应停止顶升操作。

2. 起重滑车的使用要求

(1) 起重吊装中常用的是 HQ 系列起重滑车（通用滑车）。滑车应按出厂铭牌和产品使用说明书使用，不得超负荷使用。多轮滑车仅使用其部分滑轮时，滑车的起重能力应按使用的轮数与滑车全部轮数的比例进行折减。

(2) 滑车组动、定（静）滑车的最小距离不得小于 1.5m；跑绳进入滑轮的偏角不宜大于 5°。

(3) 滑车组穿绕跑绳的方法有顺穿、花穿、双抽头穿法。当滑车的轮数超过 5 个时，跑绳应采用双抽头方式。若采用花穿的方式，应适当加大上、下滑轮之间的净距。

3. 卷扬机的使用要求

(1) 起重吊装中一般采用电动慢速卷扬机。选用卷扬机的主要参数有额定载荷、容绳量和额定速度。严禁超负荷使用卷扬机，在重大的吊装作业中，在牵引绳上应装设测力计。

(2) 卷扬机安装在平坦、开阔、前方无障碍且离吊装中心稍远一些的地方，使操作人员能直视吊装过程，同时又能接受指挥信号。用桅杆吊装时，离开的距离必须大于桅杆的长度。

(3) 卷扬机的固定应牢靠，严防倾覆和移动。可用地锚、建筑物基础和重物施压等为锚固点。绑缚卷扬机底座的固定绳索应从两侧引出，以防底座受力后移动。卷扬机固定后，应按其使用负荷进行预拉。

(4) 由卷筒到最后一个导向滑车的水平直线距离应大于卷筒长度的 25 倍，且该导向滑车

应设在卷筒的中垂线上，以保证卷筒的入绳角小于 2°。

（5）卷扬机上的钢丝绳应从卷筒底部放出，余留在卷筒上的钢丝绳不应少于 4 圈，以减少钢丝绳在固定处的受力。当在卷筒上缠绕多层钢丝绳时，应使钢丝绳始终顺序地逐层紧缠在卷筒上，最外一层钢丝绳应低于卷筒两端凸缘一个绳径的高度。

（三）流动式起重机

流动式起重机的种类、特点和适用范围见表 1-3-9。

表 1-3-9　流动式起重机的种类、特点和适用范围

种类	特点	适用范围
汽车起重机（见图 1-3-8）	具有汽车的行驶通过性能，机动性强，行驶速度高，可以快速转移，是一种用途广泛、适用性强的通用型起重机	特别适用于流动性大、不固定的作业场所。吊装时，靠支腿将起重机支撑在地面上，但不可在 360°范围内进行吊装作业，对基础要求也较高
轮胎起重机（见图 1-3-9）	一种装在专用轮胎式行走底盘上的起重机	行驶速度低于汽车式，高于履带式；适用于作业地点相对固定而作业量较大的场合。轮胎起重机近年来用得较少
履带起重机（见图 1-3-10）	行走速度较慢，履带会破坏公路路面，转移场地需要用平板拖车运输。较大的履带起重机，转移场地时需拆卸、运输、组装	适用于没有道路的工地、野外等场所。除起重作业外，在臂架上还可装打桩、抓斗、拉铲等工作装置，一机多用

图 1-3-8　汽车起重机

图 1-3-9　轮胎起重机

图 1-3-10　履带起重机

（四）吊装方法

吊装设备的种类、特点及应用见表 1-3-10。

表 1-3-10　吊装设备的种类、特点及应用

种类	特点	应用
塔式起重机	起重吊装能力 3～100t，臂长 40～80m	使用地点固定、使用周期较长的场合，较经济。一般为单机作业，也可双机抬吊
汽车起重机	（1）液压伸缩臂：起重能力 8～550t，臂长 27～120m （2）钢管结构臂：起重能力 70～250t，臂长 27～145m	机动灵活，使用方便。可单机、双机吊装，也可多机吊装
履带起重机	起重能力 30～2 000t，臂长 39～190m	中、小重物可吊重行走，机动灵活，使用方便，使用周期长，较经济。可单机、双机吊装，也可多机吊装

续表

种类	特点	应用
桅杆系统	桅杆有单桅杆、双桅杆、人字桅杆、门字桅杆、井字桅杆	有单桅杆和双桅杆滑移提升法、扳转（单转、双转）法、无锚点推举法、斜立单桅杆偏心吊法等吊装工艺
桥式起重机	起重能力 3～1 000t，跨度 3～150m	仓库、厂房、车间内使用，一般为单机作业，也可双机抬吊
液压提升	采用“钢绞线悬挂承重、液压提升千斤顶集群、计算机控制同步”方法整体提升（滑移）大型设备与构件	(1) 解决了采用桅杆起重机、移动式起重机所不能解决的大型构件整体提升技术难题 (2) 市政工程、建筑工程、设备安装领域应用广泛

·典型例题·

［**例题·单选**］某工作现场要求起重机吊装能力为 3～100t，臂长 40～80m，使用地点固定、使用周期较长且较经济，一般为单机作业，也可双机抬吊。应选用的吊装方法为（　　）。

A. 液压提升法　　B. 桅杆系统吊装

C. 塔式起重机吊装　　D. 桥式起重机吊装

［**解析**］本题考查塔式起重机吊装。起重吊装能力为 3～100t，臂长在 40～80m，常用在使用地点固定、使用周期较长的场合，较经济。一般为单机作业，也可双机抬吊。

答案：C

三、辅助项目

（一）吹扫、脱脂和钝化

1. 吹扫与清扫

吹扫与清洗的要求见表 1-3-11。

表 1-3-11　吹扫与清洗的要求

类型		要求
$DN \geqslant 600$mm	液体或气体管道	人工清理
$DN < 600$mm	液体管道	水冲洗
	气体管道	压缩空气吹扫
蒸汽管道		蒸汽吹扫（非热力管道不得采用蒸汽吹扫）
吹扫与清洗的顺序		主管、支管、疏排管

2. 空气吹扫

(1) 间断性吹扫，吹扫压力≤系统容器和管道的设计压力，吹扫流速≥20m/s。

(2) 忌油管道，使用无油压缩空气、其他不含油的气体。

(3) 吹扫系统容积大、管线长、口径大，并不宜用水冲洗时，采取“空气爆破法”进行吹扫。爆破吹扫时，向系统充注的气体压力≤0.5MPa，并采取安全措施。

3. 蒸汽吹扫

(1) 蒸汽吹扫前，管道系统的保温隔热工程应已完成。

(2) 大流量蒸汽进行吹扫，流速≥30m/s。

（3）蒸汽吹扫前，应先进行暖管、疏水。

（4）蒸汽吹扫应按加热→冷却→再加热的顺序循环进行。每次吹扫一根，轮流吹扫。

4. 水清洗

（1）管道冲洗使用洁净水，冲洗不锈钢、镍及镍合金管道时，水中氯离子含量≤25ppm。

（2）管道水冲洗流速≥1.5m/s，冲洗压力≤设计压力。

（3）冲洗排放管的截面积≥60%被冲洗管截面积。排水时，不得形成负压。

（4）对有严重锈蚀和污染的管道，使用一般清洗方法不达要求时，可将管道分段高压水冲洗。

（5）管道冲洗合格后，应及时将管内积水排净，并用压缩空气、氮气及时吹干。

5. 油清洗

（1）适用于大型机械的润滑油、密封油、控制油管道系统的清洗。

（2）润滑、密封及控制系统的油管道，应在机械设备和管道吹扫、酸洗合格后，系统试运行前进行油清洗。不锈钢管道宜采用蒸汽吹净后再进行油清洗。

（3）经酸洗钝化或蒸汽吹扫合格的油管道，宜在两周内进行油清洗。

（4）油清洗合格的管道，应采取封闭或充氮保护措施。

6. 酸洗

（1）对设备和管道内壁有特殊清洁要求的，如液压、润滑管道的除锈可采用酸洗法。

（2）酸洗合格后的管道，如不能及时投入运行，应采取封闭或充氮保护的措施。

（二）管道压力试验

管道安装完毕、热处理和无损检测合格后，对管道系统进行压力试验。

管道的压力试验一般以液体为试验介质。当管道的设计压力≤0.6MPa时（或现场条件不允许进行液压试验时）采用气压为试验介质。

1. 液压试验

（1）对不锈钢、镍及镍合金管道，或对连有不锈钢、镍及镍合金管道或设备的管道进行试验时，试验用水中氯离子含量≤25×10^{-6}。

（2）在试验管道系统的最高点和管道末端安装排气阀；在管道的最低处安装排水阀；压力表应安装在最高点，试验压力以表1-3-12为准。

（3）试验压力的确定见表1-3-12。

表1-3-12　试验压力的确定

管道类型	试验压力	
承受内压的地上钢管道及有色金属管道	$P_{试验}=1.5\times P_{设计}$	
埋地钢管道	$P_{试验}=1.5\times P_{设计}$，且≥0.4MPa	
承受内压的埋地铸铁管道	设计压力≤0.5MPa	$P_{试验}=2\times P_{设计}$
	设计压力>0.5MPa	$P_{试验}=P_{设计}+0.5$

2. 气压试验

（1）气压试验压力。

1）承受内压钢管及有色金属管试验压力应为设计压力的1.15倍，真空管道的试验压力应为0.2MPa。

2）用干燥洁净的空气、氮气或其他不易燃和无毒的气体。

3）试验时应装有压力泄放装置，其设定压力不高于试验压力的1.1倍。

4）试验前，应用空气进行预试验，压力试验宜为0.2MPa。

（2）泄漏性试验。

1）泄漏性试验介质：气体为试验介质，在设计压力下，采用发泡剂、显色剂、气体分子感测仪检查管道系统中泄漏点的试验。

2）试验要求：①输送极度和高度危害介质以及可燃介质的管道，必须在压力试验合格后进行泄漏性试验；②泄漏试验检查重点：阀门填料函、法兰或者螺纹连接处、放空阀、排气阀、排水阀有无泄漏。

（3）管道真空度试验。

对管道系统抽真空，使管道系统内部形成负压，以管道系统在规定时间内的增压率，检验管道系统的严密性。

1）真空系统在气压试验合格后，还应按设计文件规定进行24h的真空度试验。

2）真空度试验按设计文件要求，对管道系统抽真空，达到设计规定的真空度后，关闭系统，24h后系统增压率不应大于5%。

·典型例题·

［**例题1·单选**］某工艺管道系统，其管线长、口径大、系统容积也大，且工艺限定禁水。此管道的吹扫、清洗方法应选用（　　）。

A. 无油压缩空气吹扫

B. 空气爆破法吹扫

C. 高压氮气吹扫

D. 先蒸汽吹净后再进行油清洗

［**解析**］本题考查空气吹扫。当吹扫的系统容积大、管线长、口径大，并不宜用水冲洗时，可采取“空气爆破法”进行吹扫。

［**例题2·单选**］某埋地敷设承受内压的铸铁管道，当设计压力为0.4MPa时，其液压试验的压力应为（　　）。

A. 0.6MPa　　B. 0.8MPa

C. 0.9MPa　　D. 1.0MPa

［**解析**］本题考查管道液压试验。承受内压的埋地铸铁管道的试验压力，当设计压力小于或等于0.5MPa时，应为设计压力的2倍；当设计压力大于0.5MPa时，应为设计压力加0.5MPa。

［**例题3·单选**］某*DN*100的输送常温液体的管道，在安装完毕后应做的后续辅助工作为（　　）。

A. 气压试验，蒸汽吹扫　　B. 气压试验，压缩空气吹扫

C. 水压试验，水清洗　　D. 水压试验，压缩空气吹扫

［**解析**］本题考查吹扫与清洗的要求。*DN*＜600mm的液体管道，宜采用水冲洗。常温液体管道一般进行水压试验。管道的压力试验一般以液体为试验介质。当管道的设计压力小于或等于0.6MPa时（或现场条件不允许进行液压试验时）采用气压为试验介质。

［**例题4·多选**］输送极度和高度危害介质以及可燃介质的管道，必须进行泄漏性试验。

关于泄漏性试验的说法，正确的有（　　）。

A. 泄漏性试验应在压力试验合格后进行

B. 泄漏性试验的介质宜采用空气

C. 泄漏性试验的压力为设计压力 1.2 倍

D. 采用涂刷中性发泡剂来检查有无泄漏

E. 可燃介质的管道可不进行泄漏性试验

［**解析**］本题考查管道气压试验。输送极度和高度危害介质以及可燃介质的管道，必须在压力试验合格后进行泄漏性试验，试验介质宜采用空气，试验压力为设计压力。泄漏性试验应逐级缓慢升压，当达到试验压力，并停压 10min 后，采用涂刷中性发泡剂等方法，检查无泄漏即为合格。

答案：1. B　2. B　3. C　4. ABD

四、常用检测仪表及电工测量设备

（一）温度检测仪表

温度检测仪表的类型、特点及应用见表 1-3-13。

表 1-3-13　温度检测仪表的类型、特点及应用

仪表类型	特点及应用
压力式温度计	适用于工业场合测量各种对铜无腐蚀作用的介质温度，若介质有腐蚀作用，应选用防腐型
热电偶温度计	（1）测量范围：液体、蒸汽、气体介质、固体介质以及固体表面温度 （2）适用于测量炼钢炉、炼焦炉等高温地区，也可测量液态氢、液态氮等低温物体
热电阻温度计	（1）是一种较为理想的高温测量仪表，由热电阻、连接导线及显示仪表组成 （2）热电阻是中低温区最常用的一种温度检测器。主要特点是测量精度高，性能稳定 （3）铂热电阻的测量精确度是最高的，广泛应用于工业测温，而且被制成标准的基准仪
辐射温度计	（1）辐射温度计的测量不干扰被测温场，不影响温场分布，从而具有较高的测量准确性 （2）辐射测温的另一个特点是在理论上无测量上限，可测到相当高的温度

（二）压力检测仪表

一般压力表按其作用原理分为液柱式、弹性式、电气式及活塞式四大类。压力检测仪表的类型、特点及应用见表 1-3-14。

表 1-3-14　压力检测仪表的类型、特点及应用

压力表类型	特点及应用
液柱式压力计	（1）一般用水银或水作为工作液，用于测量低压、负压的压力表 （2）广泛用于实验室压力测量或现场锅炉烟、风通道各段压力及通风空调系统各段压力的测量 （3）液柱式压力计结构简单，使用、维修方便，但信号不能远传
远传压力表	（1）适用于测量对钢及铜合金不起腐蚀作用的液体、蒸汽和气体等介质的压力 （2）就地指示压力，便于现场工作检查

续表

压力表类型	特点及应用
电接点压力表	(1) 电接点压力表的工作原理：基于测量系统中的弹簧管在被测介质的压力作用下，迫使弹簧管的末端产生相应的弹性变形——位移，借助拉杆经齿轮传动机构的传动并予以放大，由固定齿轮上的指示装置（连同触头）将被测值在度盘上指示出来 (2) 电接点压力表广泛应用于石油、化工、冶金、电力、机械等工业部门或机电设备配套中测量无爆炸危险的各种流体介质压力
隔膜式/膜片式压力表	隔膜式压力表专门供石油、化工、食品等生产过程中测量具有腐蚀性、高黏度、易结晶、含有固体状颗粒、温度较高的液体介质的压力

（三）流量仪表

常用的流量仪表有电磁流量计、气远传转子流量计、涡轮流量计、椭圆齿轮流量计和电动转子流量计。各类流量仪表的特征见表 1-3-15。

表 1-3-15　各类流量仪表的特征

名称	适用场合	相对价格	特点
玻璃管转子流量计	空气、氮气、水及与水相似的其他安全流体小流量测量	较便宜	(1) 结构简单、维修方便 (2) 精度低 (3) 不适用于有毒性介质及不透明介质 (4) 属于面积式流量计
涡轮流量计	适用于黏度较小的洁净流在宽测量范围的高精度测量	较贵	(1) 精度较高，适于计量 (2) 耐温耐压范围较广 (3) 变送器体积小，维护容易 (4) 轴承易磨损，连续使用周期短 (5) 涡轮流量计是一种速度式流量计
椭圆齿轮流量计	精密地、连续或间断地测量管道中液体的流量或瞬时流量，特别适合于重油、聚乙烯醇、树脂等黏度较高介质流量的测量	较贵	(1) 精度较高 (2) 计量稳定 (3) 不适用于含有固体颗粒的液体 (4) 属于容积式流量计
节流装置（压差式）流量计	非强腐蚀的单向流体流量测量，允许一定的压力损失	较便宜	(1) 使用广泛 (2) 结构简单 (3) 对标准节流装置不必个别标定即可使用 (4) 属于压差计（流量计）
均速管流量计	大口径、大流量的各种液体流量测量	较便宜	(1) 结构简单 (2) 安装、拆卸、维修方便 (3) 压损小，能耗少 (4) 属于压差计（流量计） (5) 输出压差较低

·典型例题·

［**例题 1·单选**］用于测量低压、负压的压力表，被广泛用于实验室压力测量或现场锅炉烟、风通道各段压力及通风空调系统各段压力的测量。它结构简单，使用、维修方便，但信号

不能远传。该压力检测仪表为（　　）。

A. 液柱式压力计

B. 活塞式压力计

C. 弹性式压力计

D. 电气式压力计

［**解析**］液柱式压力计一般用水银或水作为工作液，用于测量低压、负压的压力表。被广泛用于实验室压力测量或现场锅炉烟、风通道各段压力及通风空调系统各段压力的测量。液柱式压力计结构简单，使用、维修方便，但信号不能远传。

［**例题 2·单选**］特别适合于重油、聚乙烯醇、树脂等黏度较高介质流量的测量，用于精密地、连续或间断地测量管道流体的流量或瞬时流量，属于容积式流量计。该流量计是（　　）。

A. 涡轮流量计

B. 椭圆齿轮流量计

C. 电磁流量计

D. 均速管流量计

［**解析**］椭圆齿轮流量计用于精密地、连续或间断地测量管道中液体的流量或瞬时流量，它特别适合于重油、聚乙烯醇、树脂等黏度较高介质流量的测量，属于容积式流量计。

［**例题 3·多选**］在各种自动控制系统温度测量仪表中，能够进行高温测量的温度检测仪表有（　　）。

A. 外标式玻璃温度计

B. 薄膜型热电偶温度计

C. 半导体热敏电阻温度计

D. 辐射温度计

E. 普通型热电偶温度计

［**解析**］外标式玻璃温度计多用来测量室温；热电偶温度计分普通型、铠装型和薄膜型等，适用于炼钢炉、炼焦炉等高温地区，也可测量液态氢、液态氮等低温物体；热电阻温度计是一种较为理想的高温测量仪表，热电阻分为金属热电阻和半导体热敏电阻两类；辐射温度计可以测到相当高的温度。

答案：1. A　2. B　3. BCDE

第四节　安装工程施工组织设计的编制原理、内容及方法

一、施工组织设计概述

（一）施工组织设计基本内容

（1）工程概况、编制依据、施工部署。

（2）主要施工方法、施工进度计划、施工准备与资源配置计划、施工现场平面图。

（3）主要施工管理计划（如进度、质量、安全、环境、成本及其他管理计划）等。

（二）施工组织设计类型

施工组织设计按编制对象可以分为三类：施工组织总设计、单位工程施工组织设计和施工方案。其内容及作用见表 1-4-1。

表 1-4-1 施工组织设计的分类、内容及作用

分类	内容	作用
施工组织总设计	以若干个单位工程组成的群体工程或特大型项目为编制对象，对整个项目的施工过程起统筹规划、重点控制的作用	指导整个工程全过程施工的技术经济纲要
单位工程施工组织设计	以单位（子单位）工程为编制对象，对该单位工程的施工过程起指导和约束的作用	指导该单位工程施工管理的综合性文件
施工方案	以难度大、工艺复杂、质量要求高、新工艺和新产品应用的分部（分项）工程或专项工程为主要编制对象的施工技术与组织方案，也称之为分部（分项）工程或专项工程施工组织设计	具体指导施工作业过程的文件

二、施工组织总设计

（一）施工组织总设计的编制内容

施工组织总设计的编制内容根据工程的性质、规模、工期、结构的特点及施工条件不同而不同，通常包括以下内容：项目工程概况、施工部署及主要单项工程的施工方案；全场性施工准备工作计划、施工总进度计划、各项资源需要量计划；全场性施工总平面图设计、技术经济指标等。

（二）施工组织总设计的编制依据

施工组织总设计的编制依据见表 1-4-2。

表 1-4-2 施工组织总设计的编制依据

编制依据	具体说明
计划文件	可行性研究报告，国家批准的固定资产投资计划，单位工程项目一览表，分期分批投产的要求，投资额，建设项目所在地区主管部门的用地批准文件，施工单位主管上级下达的施工任务书等
设计文件	初步设计或技术设计，设计说明书，总概算或修正总概算等
合同文件	建设单位与施工单位签订的工程承包合同、招标投标文件
建设地区基础资料	建设地区工程勘察和技术经济调查资料，如地形、地质、技术经济条件等
法规、规范	有关的政策法规、技术规范、工程定额等资料

三、单位工程施工组织设计

单位工程施工组织设计内容应根据拟建工程的性质、特点及规模不同，同时考虑到施工要求及条件进行编制。单位工程施工组织设计必须真正起到指导现场施工的作用。具体编制内容见表 1-4-3。

表 1-4-3 单位工程施工组织设计的编制内容

项目	编制内容
工程概况	工程特点、建筑地段特征、施工条件
施工方案	总的施工顺序及确定施工流向，主要分部分项工程的划分及其施工方法的选择、施工段的划分、施工机械的选择、技术组织措施的拟定等

续表

项目	编制内容
施工进度计划	划分施工过程和计算工程量、劳动量、机械台班量，施工班组人数、每天工作班次、工作持续时间，以及确定分部分项工程（施工过程）施工顺序及搭接关系、绘制进度计划表等
施工准备工作计划	施工前的技术准备，现场准备，机械设备、工具、材料、构件和半成品构件的准备；并编制准备工作计划表
资源需用量计划	材料需用量计划、劳动力需用量计划、构件及半成品构件需用量计划、机械需用量计划、运输量计划等
施工平面图	施工所需机械、临时加工场地、材料、构件仓库与堆场的布置及临时水网电网、临时道路、临时设施用房的布置等

四、网络计划技术

在建筑施工中，网络计划技术主要用来编制工程项目施工的进度计划和建筑施工企业的生产计划，并通过对计划的优化、调整和控制，达到缩短工期、提高效率、节约劳力、降低消耗的项目施工管理目标。

（一）网络计划的分类

网络计划分为横道图计划、双代号网络计划（见图 1-4-1）、双代号时标网络计划、单代号网络计划、单代号搭接网络计划。

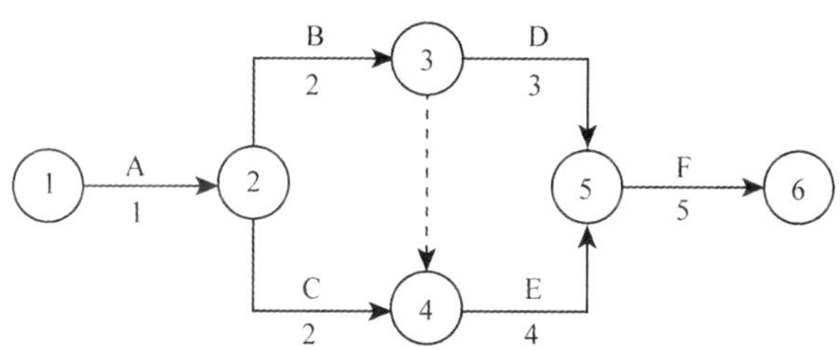

图 1-4-1　双代号网络计划图

（二）网络计划时差

网络计划时差的相关内容见表 1-4-4。

表 1-4-4　网络计划时差的相关内容

项目		内容
工作总时差		指在不影响总工期的前提下，本工作可以利用的机动时间
计算方法		工作的总时差＝该工作最迟完成时间－最早完成时间（最迟开始时间－最早开始时间）
工作自由时差		指在不影响所有紧后工作最早开始的前提下，本工作可以利用的机动时间
计算方法	有紧后工作	工作的自由时差＝本工作紧后工作最早开始时间最小值－本工作最早完成时间
	无紧后工作	工作的自由时差＝计划工期－本工作最早完成时间

（三）确定关键工作和关键线路

在网络计划中，总时差最小的工作为关键工作。

关键线路：

（1）工作持续时间之和最长为关键线路，且至少有一条。

（2）一般用粗箭线或双线箭线标出。

（3）在关键线路法中，关键线路上各项工作的持续时间总和应等于网络计划的计算工期，这一特点也是判别关键线路是否正确的准则。

［例题］某工程六时标注法见图 1-4-2，双代号网络计划图见图 1-4-3。

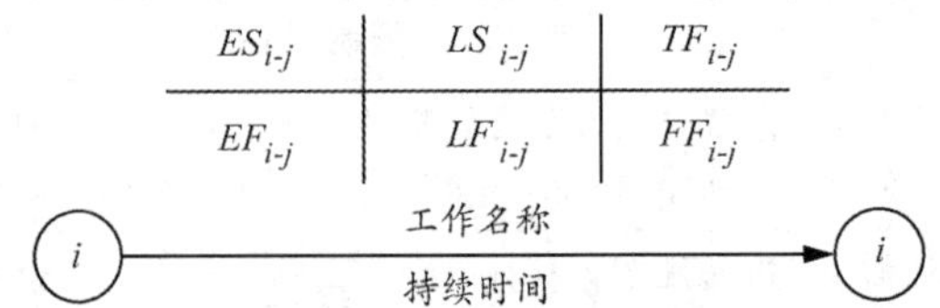

图 1-4-2　六时标注法

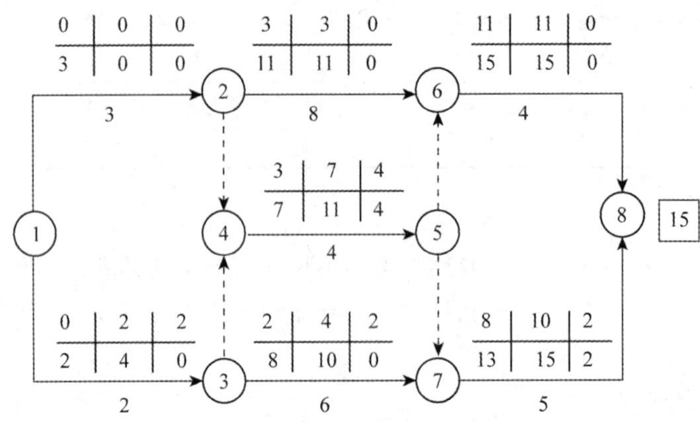

图 1-4-3　双代号网络计划图

ES 表示工作的最早开始时间。

LS 表示在总工期已确定的情况下，工作的最迟开始时间。

EF 表示工作的最早完成时间。

LF 表示在总工期已确定的情况下，工作的最迟完成时间。

TF 表示工作的总时差。

FF 表示工作的自由时差。

·典型例题·

［**例题·单选**］在工程网络计划中，工作 M 的最迟完成时间为第 25 天，其持续时间为 6 天，工作有两项紧前工作，它们的最早完成时间分别为第 10 天和第 14 天，M 的总时差为（　　）天。

A. 5　　B. 6　　C. 9　　D. 15

［**解析**］工作 M 有两项紧前工作，它们的最早完成时间分别为第 10 天和第 14 天，因此，工作 M 的最早开始时间为 14，最迟完成时间为 25，持续时间为 6，最迟开始时间为第 19 天。那么，工作 M 总时差＝19－14＝5（天）。

答案：A

第五节　安装工程相关规范的基本内容

一、《安装工程计量规范》组成

在《安装工程计量规范》中，按专业、设备特征或工程类别分为 13 个部分，形成附录 A～附录 N，具体为：

附录 A　机械设备安装工程（编码：0301）
附录 B　热力设备安装工程（编码：0302）
附录 C　静置设备与工艺金属结构制作安装工程（编码：0303）
附录 D　电气设备安装工程（编码：0304）
附录 E　建筑智能化工程（编码：0305）
附录 F　自动化控制仪表安装工程（编码：0306）
附录 G　通风空调工程（编码：0307）
附录 H　工业管道工程（编码：0308）
附录 J　消防工程（编码：0309）
附录 K　给排水、采暖、燃气工程（编码：0310）
附录 L　通信设备及线路工程（编码：0311）
附录 M　刷油、防腐蚀、绝热工程（编码：0312）
附录 N　措施项目（编码：0313）

每个专业工程又统一划分为若干个分部工程。如附录 D 电气设备安装工程又划分为 D. 1 变压器安装（030401）～D. 15 相关问题及说明 15 个分部工程。

每个分部工程又统一划分为若干分项工程，列于分部工程表格之内。如安装清单规范中，附录 D 电气设备安装工程中 D. 11 配管、配线，见表 1-5-1。

表 1-5-1　D. 11 配管、配线（编码：030411）

项目编码	项目名称	项目特征	计量单位	工程量计算规则	工程内容
030411001	配管	1. 名称 2. 材质 3. 规格 4. 配置形式及部位 5. 接地要求 6. 钢索材质、规格	m	按设计图示尺寸以延长米计算	1. 电线管路敷设 2. 钢索架设（拉紧装置安装） 3. 预留沟槽 4. 接地
……	……	……	……	……	……

二、《安装工程计量规范》与其他计量规范界线划分及项目安装高度规定

（一）《安装工程计量规范》与其他计量规范界线划分规定

《安装工程计量规范》与其他计量规范界线划分规定见表 1-5-2。

表 1-5-2　《安装工程计量规范》与其他计量规范界线划分规定

工程类别	分类	界定依据
安装工程中的电气设备安装工程与市政工程中的路灯工程界定	厂区、住宅小区的道路路灯安装工程、庭院艺术喷泉等电气设备安装工程	按通用安装工程“电气设备安装工程”相应项目执行
	市政道路、市政庭院等电气安装工程项目	按市政工程中“路灯工程”相应项目执行
安装工业管道与市政工程管网工程的界定	给水管道	以厂区入口水表井为界
	排水管道	以厂区围墙外第一个污水井为界
	热力和燃气	以厂区入口第一个计量表（阀门）为界

第一章

续表

工程类别	分类	界定依据
安装给排水、采暖、燃气工程与市政工程管网工程的界定	室外给排水、采暖、燃气管道	以市政管道碰头井为界
	厂区、住宅小区的庭院喷灌及喷泉水设备安装	按《安装工程计量规范》相应项目执行
	公共庭院喷灌及喷泉水设备安装	按《市政工程工程量计算规范》（GB 50857—2013）管网工程的相应项目执行
涉及管沟、坑及井类的土方开挖、垫层、基础、砌筑、抹灰、地沟盖板预制安装、回填、运输、路面开挖及修复、管道支墩的项目		按《房屋建筑与装饰工程工程量计算规范》（GB 50854—2013）和《市政工程工程量计算规范》（GB 50857—2013）的相应项目执行

（二）项目安装高度的确定

项目安装高度若超过基本高度时，应在“项目特征”中描述。部分附录基本高度见表 1-5-3。

表 1-5-3　安装工程基本安装高度表

附录名称	安装高度/m
给排水、采暖、燃气工程（K）	3.6
电气设备安装工程（D）、建筑智能化工程（E）、消防工程（J）	5
通风空调工程（G）、刷油、防腐蚀、绝热工程（M）	6
机械设备安装工程（A）	10

➤ **巧记**：机一零，给三六，电智消，通六刷。

同步强化训练

一、单项选择题（每题的备选项中，只有 1 个最符合题意）

1. 与其他塑料管材相比，某塑料管材具有刚性高、耐腐蚀、阻燃性能好、导热性能低、热膨胀系数低及安装方便等特点，是现今新型的冷热水输送管道。此种管材为（　　）。

A. 交联聚乙烯管

B. 超高分子量聚乙烯管

C. 氯化聚氯乙烯管

D. 无规共聚聚丙烯管

2. 涂料由主要成膜物质、次要成膜物质和辅助成膜物质组成，下列材料属于辅助成膜物质的是（　　）。

A. 合成树脂　　　　B. 着色颜料

C. 体质颜料　　　　D. 稀料

3. 与酚醛树脂漆相比，环氧-酚醛漆的使用特点为（　　）。

A. 具有良好的耐碱性

B. 能耐一定浓度酸类的腐蚀

C. 具有良好的电绝缘性

D. 具有良好的耐油性

4. 法兰密封面形式为 O 形圈面型，其使用特点为（　　）。

A. O 形密封圈是非挤压型密封

B. O 形圈截面尺寸较小，消耗材料少

C. 结构简单，不需要相配合的凸面和槽面的密封面

D. 密封性能良好，但压力使用范围较窄

5. 某阀门结构简单、体积小、重量轻，仅由少数几个零件组成，操作简单，阀门处于全开位置时，阀板厚度是介质流经阀体的唯一阻力，阀门所产生的压力降很小，具有较好的流量控制特性。该阀门应为（　　）。

A. 截止阀　　B. 蝶阀

C. 旋塞阀　　D. 闸阀

6. 球阀是近年来发展最快的阀门品种之一，其主要特点为（　　）。

A. 密封性能好，但结构复杂

B. 启闭慢、维修不方便

C. 不能用于输送氧气、过氧化氢等介质

D. 适用于含纤维、微小固体颗粒的介质

7. 可以在竖井、水中、有落差的地方铺设，且能承受外力的电力电缆型号为（　　）。

A. $YJLV_{12}$　　B. $YJLV_{22}$

C. $YJLV_{23}$　　D. $YJLV_{32}$

8. 用熔化极氩气气体保护焊焊接铝、镁等金属，为有效去除氧化膜，提高接头焊接质量，应采取（　　）。

A. 交流电源反接法　　B. 交流电源正接法

C. 直流电源反接法　　D. 直流电源正接法

9. 能够对空气、氮气、水及与水相似的其他安全流体进行小流量测量，其结构简单、维修方便、价格较便宜、测量精度低。该流量测量仪表为（　　）。

A. 涡轮流量计　　B. 椭圆齿轮流量计

C. 玻璃管转子流量计　　D. 电磁流量计

10. 基于测量系统中弹簧管在被测介质的压力作用下，迫使弹簧管的末端产生相应的弹性变形，借助拉杆经齿轮传动机构的传动并予以放大，由固定齿轮上的指示装置将被测值在度盘上指示出来的压力表是（　　）。

A. 隔膜式压力表　　B. 压力传感器

C. 远传压力表　　D. 电接点压力表

二、多项选择题（每题的备选项中，有 2 个或 2 个以上符合题意，至少有 1 个错项）

1. 聚氨酯漆是一种新型涂料，广泛用于石化、矿山、冶金等行业的管道、容器、设备及混凝土构筑物表面等防腐领域，其特点有（　　）。

A. 耐酸、耐盐　　B. 耐各种稀释剂

C. 无毒、施工方便　　D. 造价较高

E. 不耐酸腐蚀

2. 管道采用法兰连接时，管口翻边活套法兰的使用特点有（　　）。

A. 不能用于铜、铝等有色金属管道上

B. 多用于不锈钢管道上

C. 法兰安装时非常方便

D. 不能承受较大的压力

E. 不适用于管道需频繁拆卸的地方

3. 与等离子弧焊相比，钨极惰性气体保护焊的主要缺点有（　　）。

A. 仅适用于薄板及超薄板材的焊接

B. 熔深浅，熔敷速度小，生产效率较低

C. 是一种不熔化极的电弧焊

D. 不适宜野外作业

E. 生产成本低

4. 与氧-乙炔火焰切割相比，氧-丙烷火焰切割的特点有（　　）。

A. 火焰温度较高，切割时间短，效率高

B. 点火温度高，切割的安全性大大提高

C. 无明显烧塌现象，下缘不挂渣，切割面粗糙性好

D. 氧气消耗量高，但总切割成本较低

E. 火焰温度低，切割预热时间长

5. 属于压差式流量检测仪表的有（　　）。

A. 玻璃管转子流量计

B. 涡轮流量计

C. 节流装置流量计

D. 均速管流量计

E. 椭圆齿轮流量计

参考答案及解析

一、单项选择题

1. ［答案］C

［解析］本题考查的是氯化聚氯乙烯管的特性。氯化聚氯乙烯冷热水管道是现今新型的输水管道。该管材与其他塑料管材相比，具有刚性高、耐腐蚀、阻燃性能好、导热性能低、热膨胀系数低及安装方便等特点。

2. ［答案］D

［解析］本题考查的是涂料的基本组成。辅助成膜物质包括稀料和辅助材料。选项 A 属于主要成膜物质；选项 B、C 属于次要成膜物质。

3. ［答案］A

［解析］本题考查的是环氧-酚醛漆的特点。环氧-酚醛漆是热固性涂料，其漆膜兼有环氧和酚醛两者的长处，即既有环氧树脂良好的机械性能和耐碱性，又有酚醛树脂的耐酸、耐溶和电绝缘性。

4. ［答案］B

［解析］本题考查 O 形圈面型法兰的特点。选项 A 错误，O 形密封圈是一种挤压型密封。选项 C 错误，O 形圈面型具有相配合的凸面和槽面的密封面。选项 D 错误，O 形圈的截面尺寸都很小、质量轻，消耗材料少，且使用简单，安装、拆卸方便，更为突出的优点还在于 O 形圈具有良好的密封能力，压力使用范围很宽。

5. ［答案］B

［解析］本题考查蝶阀的特点。蝶阀适合安装在大口径管道上，蝶阀结构简单、体积小、重量轻，只由少数几个零件组成，只需旋转 90°即可快速启闭，操作简单，同时具

有良好的流体控制特性。蝶阀处于完全开启位置时，蝶板厚度是介质流经阀体时唯一的阻力，通过该阀门所产生的压力降很小，具有较好的流量控制特性。

6.［答案］D

［解析］本题考查球阀的特点。球阀具有结构紧凑、密封性能好、结构简单、体积较小、质量轻、材料耗用少、安装尺寸小、驱动力矩小、操作简便、易实现快速启闭和维修方便等特点，适用于水、溶剂、酸和天然气等一般工作介质，而且还适用于工作条件恶劣的介质，如氧气、过氧化氢、甲烷和乙烯等，且特别适用于含纤维、微小固体颗粒等介质。

7.［答案］D

［解析］在竖井、水中、有落差的地方及承受外力情况下敷设时，应选用的交联聚乙烯绝缘电力电缆型号为 YJV_{32}、$YJLV_{32}$、YJV_{33}、$YJLV_{33}$。

8.［答案］C

［解析］本题考查熔化极气体保护焊（MIG 焊）的特点。MIG 焊可直流反接，焊接铝、镁等金属时有良好的阴极雾化作用，可有效去除氧化膜，提高了接头的焊接质量。

9.［答案］C

［解析］玻璃管转子流量计的结构简单、维修方便、测量精度低，适用于空气、氮气、水及与水相似的其他安全流体小流量测量。

10.［答案］D

［解析］电接点压力表由测量系统、指示系统、磁助电接点装置、外壳、调整装置和接线盒（插头座）等组成。电接点压力表的工作原理是基于测量系统中的弹簧管在被测介质的压力作用下，迫使弹簧管的末端产生相应的弹性变形——位移，借助拉杆经齿轮传动机构的传动并予以放大，由固定齿轮上的指示装置（连同触头）将被测值在度盘上指示出来。

二、多项选择题

1.［答案］ABC

［解析］本题考查的是聚氨酯漆的特点。聚氨酯漆是多异氰酸酯化合物和端羟基化合物进行预聚反应而生成的高分子合成材料。它广泛用于石油、化工、矿山、冶金等行业的管道、容器、设备以及混凝土构筑物表面等防腐领域。聚氨酯漆具有耐盐、耐酸、耐各种稀释剂等优点，同时又具有施工方便、无毒、造价低等特点。

2.［答案］BCD

［解析］本题考查松套法兰的特点。松套法兰又称活套法兰，分为焊环活套法兰、翻边活套法兰和对焊活套法兰，多用于铜、铝等有色金属及不锈钢管道上。这种法兰连接的优点是法兰可以旋转，易于对中螺栓孔，在大口径管道上易于安装，也适用于管道需要频繁拆卸以供清洗和检查的地方。松套法兰耐压不高，一般仅适用于低压管道的连接。

3.［答案］AB

［解析］本题考查钨极惰性气体保护焊的特点。钨极惰性气体保护焊的缺点有：①熔深浅，熔敷速度小，生产率较低；②只适用于薄板（6mm 以下）及超薄板材料焊接；③气体保护幕易受周围气流的干扰，不适宜野外作业；④惰性气体（氩气、氦气）较贵，生产成本较高。等离子弧焊也属于不熔化极电弧焊。等离子弧焊只适宜于室内焊接也不适宜野外作业。选项 D 不属于钨极惰性气体保护焊特有的特点。

4.［答案］BCDE

［解析］本题考查氧-丙烷火焰切割的特点。氧-丙烷火焰切割的缺点是火焰温度比较低，切割预热时间略长，氧气的消耗量亦高于氧-乙炔火焰切割，但总的切割成本远低于氧-乙炔火焰切割，选项 A 错误，选项 D、E 正确。丙烷的点火温度为 580℃，大大高于乙炔气的点火温度（305℃），且丙烷在氧气或空气中的爆炸范围比乙炔小得多，故氧-丙烷火焰切割的安全性大大高于氧-乙炔火焰切割，选项 B 正确。氧-丙烷火焰温度适中，选用合理的切割参数切割时，切割面上缘无明显的烧

塌现象，下缘不挂渣。切割面的粗糙度优于氧–乙炔火焰切割，选项C正确。

5. ［答案］CD

［解析］节流装置流量计和均速管流量计属于压差式流量仪表；玻璃管转子流量计属于面积式流量计；涡轮流量计属于速度式流量计；椭圆齿轮流量计属于容积式流量计。

第二章 安装工程主要施工的基本程序、工艺流程及施工方法

第二章共四节，包含建筑管道工程、通风空调工程、电气工程、工业管道工程四大部分内容。重点涉及给排水、采暖工程，通风与空调工程，电气照明工程，消防工程，工业管道的类别及安装技术要求等内容。此部分为安装工程的重点内容，需要大家掌握其原理的同时，重点识记其施工的工艺类别及方法。

知识脉络

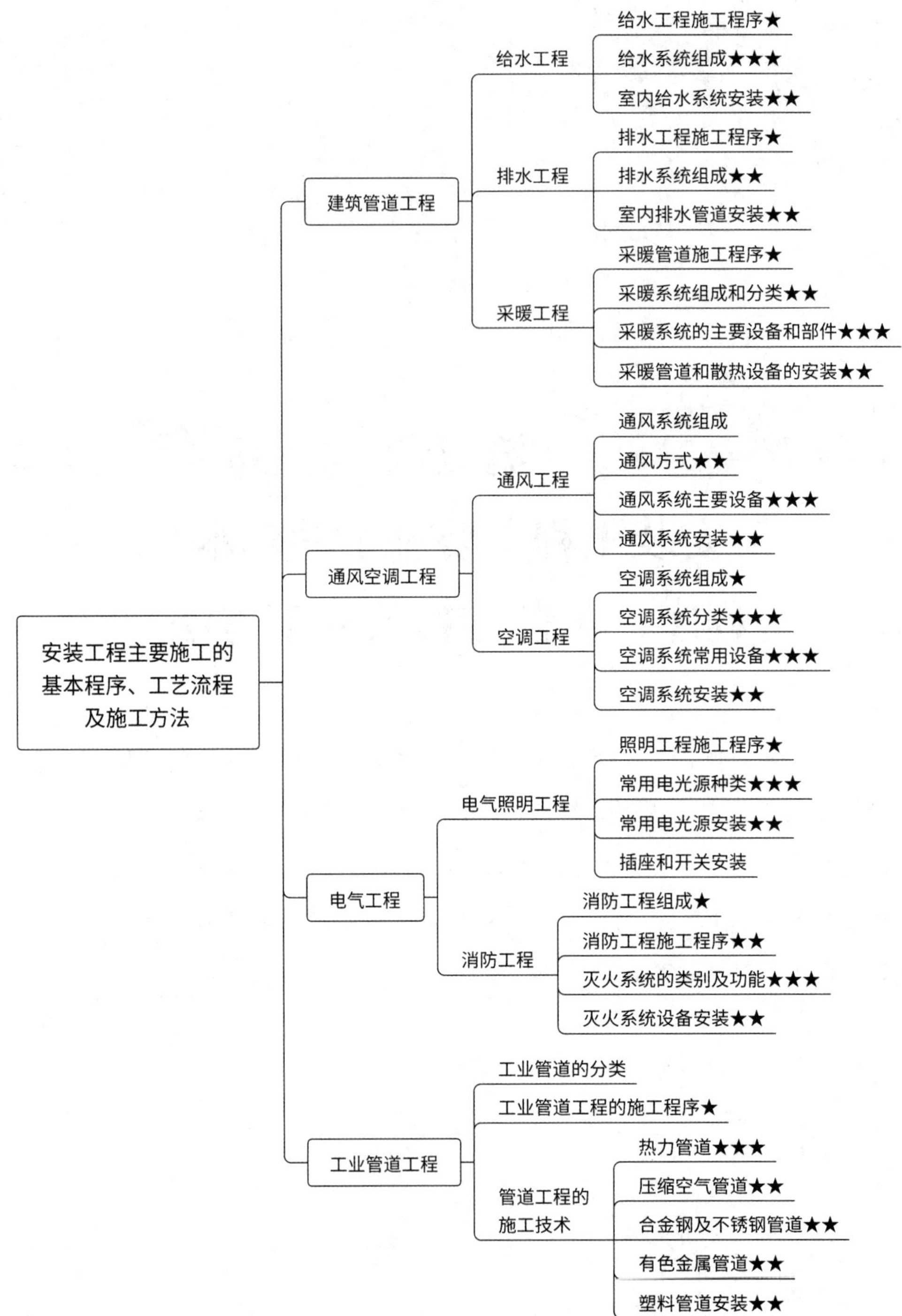
安装工程主要施工的基本程序、工艺流程及施工方法
建筑管道工程
给水工程
给水工程施工程序★
给水系统组成★★★
室内给水系统安装★★
排水工程
排水工程施工程序★
排水系统组成★★
室内排水管道安装★★
采暖工程
采暖管道施工程序★
采暖系统组成和分类★★
采暖系统的主要设备和部件★★★
采暖管道和散热设备的安装★★
通风空调工程
通风工程
通风系统组成
通风方式★★
通风系统主要设备★★★
通风系统安装★★
空调工程
空调系统组成★
空调系统分类★★★
空调系统常用设备★★★
空调系统安装★★
电气工程
电气照明工程
照明工程施工程序★
常用电光源种类★★★
常用电光源安装★★
插座和开关安装
消防工程
消防工程组成★
消防工程施工程序★★
灭火系统的类别及功能★★★
灭火系统设备安装★★
工业管道工程
工业管道的分类
工业管道工程的施工程序★
管道工程的施工技术
热力管道★★★
压缩空气管道★★
合金钢及不锈钢管道★★
有色金属管道★★
塑料管道安装★★

第一节　建筑管道工程

本书主要讲解室内外给水系统、室内外排水系统、室内供暖系统的组成、施工的基本程序和施工方法。

一、给水工程

（一）给水工程施工程序

给水工程施工程序包括室外给水管道施工程序、室内给水管道施工程序、消火栓系统施工程序和自动喷水灭火系统施工程序。

1. 室外给水管道施工程序

施工准备→材料验收→管道测绘放线→管道沟槽开挖→管道加工预制→管道安装→系统压力试验→防腐、绝热→系统清洗、消毒→系统通水试验。

2. 室内给水管道施工程序

施工准备→材料验收→配合土建预留、预埋→管道测绘放线→管道支架制作→管道加工预制→管道支架安装→管道安装→系统压力试验→防腐、绝热→系统清洗、消毒→系统通水试验。

3. 消火栓系统施工程序

施工准备→材料验收→配合土建预留、预埋→管道测绘放线→管道支架制作→管道加工预制→管道支架安装→干管安装→支管安装→箱体稳固→附件安装→管道试压、冲洗→系统调试。

4. 自动喷水灭火系统施工程序

施工准备→材料验收→配合土建预留、预埋→管道测绘放线→管道支架制作→管道加工预制→管道支架安装→干管安装→报警阀安装→立管安装→喷洒分层干、支管安装→喷洒头支管安装→管道试压→管道冲洗→减压装置安装→报警阀配件及其他组件安装→喷洒头安装→系统通水调试。

（二）给水系统组成

1. 室外给水系统

（1）室外给水系统由取水构筑物、水处理构筑物、泵站、输水管渠和管网、调节构筑物等组成。

（2）配水管网的布置形式和敷设方式：配水管网有树状管网和环状管网两种形式，具体特点见表 2-1-1。

表 2-1-1　配水管网的形式及特点

分类	形式	特点
树状管网	从水厂泵站或水塔到用户的管线布置成树枝状，只向一个方向供水	供水可靠性较差，投资省

续表

分类	形式	特点
环状管网	干管前、后贯通，连接成环状	供水可靠性好，适用于供水不允许中断的地区

2. 室内给水系统

（1）室内给水系统（见图 2-1-1）由引入管（进户管）、水表节点（见图 2-1-2）、管道系统（干、立、支）、给水附件等组成。当室外管网水压不足时，需设置加压贮水设备。

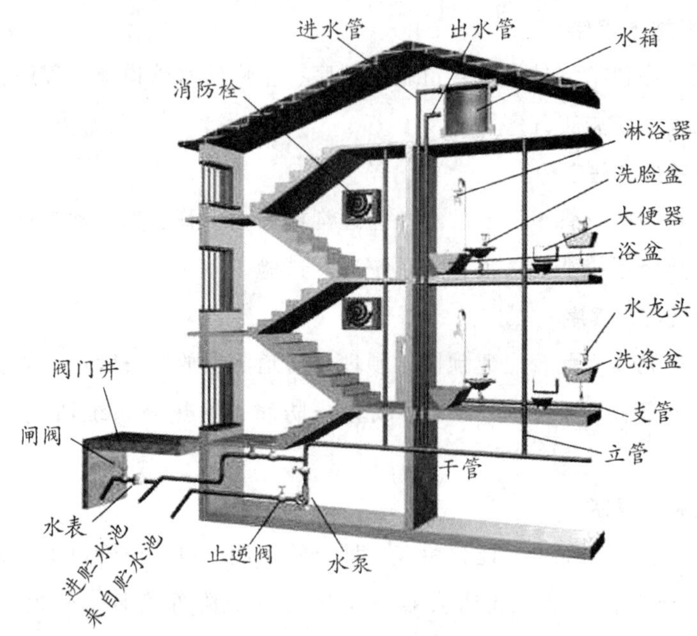

图 2-1-1　室内给水系统

图 2-1-2　水表节点

（2）室内给水方式、特点及应用见表 2-1-2。

表 2-1-2　室内给水方式、特点及应用

室内给水方式	特点及应用	原理图
直接给水方式	（1）供水较可靠，系统简单，投资省，安装、维护简单，可以充分利用外网水压，节省能量。内部无贮水设备，外网停水时内部立即断水 （2）适用于外网水压、水量能满足用水要求，室内给水无特殊要求的单层和多层建筑	
单设水箱供水方式	（1）室内管网与外网直接连接，利用外网压力供水，同时设置高位水箱调节流量和压力。供水较可靠，系统较简单，可充分利用外网水压，节省能量 （2）适用于外网水压周期性不足，室内要求水压稳定，允许设置高位水箱的建筑	（a）　（b）
设贮水池、水泵的给水方式	（1）室外管网供水至贮水池，由水泵将贮水池中的水抽升至室内管网各用水点。供水安全可靠，不设高位水箱，不增加建筑结构荷载 （2）适用于外网水量满足室内要求，而水压大部分时间不足的建筑	
设水泵、水箱的给水方式	（1）可以延时供水，供水可靠，充分利用外网水压，节省能量 （2）缺点：安装、维护较麻烦，投资较大；有水泵振动和噪声干扰；需设高位水箱，增加结构荷载 （3）适用于外网水压经常或间断不足，允许设置高位水箱的建筑	（a）　（b）
竖向分区给水方式	低区直接给水、高区设贮水池、水泵、水箱的供水；分区并联给水；并联直接给水；气压水罐并联给水；分区串联给水；分区水箱减压给水；分区减压阀减压给水	—

（三）室内给水系统安装

1. 给水管道选材与连接

（1）给水管道的材料应根据水质要求和建筑物的性质选用，见表 2-1-3。

表 2-1-3　给水管道材料选用

管道类别		条件	适用管材	建筑物性质
室内	冷水管	$DN\leqslant150$mm	低压流体输送用镀锌焊接钢管	一般民用建筑
		$DN\geqslant150$mm	镀锌无缝钢管	
		$D_e\leqslant160$mm	给水硬聚氯乙烯管	
		$D_e\leqslant63$mm	给水聚丙烯管、衬塑铝合金管	一般或高级民用建筑
		$DN\leqslant150$mm	薄壁铜管	高级、高层民用建筑
		$DN\geqslant150$mm	球墨铸铁管（总立管）	
	热水管	$DN\leqslant150$mm	低压流体输送用镀锌焊接钢管	一般民用建筑
			薄壁铜管	高级民用建筑
		$D_e\leqslant63$mm	给水聚丙烯管、衬塑铝合金管	
	饮用水	$DN\leqslant150$mm	薄壁铜管、不锈钢管	
		$D_e\leqslant63$mm	给水聚丙烯管、衬塑铝合金管	
室外	冷水管	$DN\leqslant150$mm	低压流体输送用镀锌焊接钢管	地上
		$DN\leqslant65$mm	低压流体输送用镀锌焊接钢管	地下
		$DN\geqslant80$mm	给水铸铁管或球墨铸铁管	
		$D_e=20\sim630$mm	给水硬聚氯乙烯管	

（2）给水管道材料的规格、性能和连接见表 2-1-4。

表 2-1-4　给水管道材料的规格、性能和连接

管道类别		连接特点
钢管		镀锌焊接钢管采用螺纹连接；无缝钢管采用焊接和法兰连接
给水铸铁管		（1）具有耐腐蚀、寿命长的优点，但是管壁厚、质脆、强度较钢管差，多用于 $DN\geqslant75$mm 的给水管道中，尤其适用于埋地铺设。给水铸铁管采用承插连接，在交通要道等振动较大的地段采用青铅接口 （2）球墨铸铁管多用于室内给水系统的总立管
给水塑料管	硬聚氯乙烯给水管	（1）适用于输送水温≤45℃的系统 （2）管外径 $D_e<63$mm，采用承插式粘接连接；管外径 $D_e\geqslant63$mm 时，采用承插式弹性橡胶密封圈柔性连接 （3）与其他金属管材、阀门、器具配件等连接时，采用过渡性连接，包括螺纹或法兰连接
	聚丙烯给水管	（1）适用于系统工作压力≤0.6MPa，工作温度≤70℃的系统 （2）给水聚丙烯管间采用热熔承插连接 （3）与金属管配件连接时，使用带金属嵌件的聚丙烯管件作为过渡
其他管材	铜管和不锈钢管	适用于高层建筑给水和热水供应系统中
	复合管	适用于输送自来水、生活热水

2. 室内给水管道安装

室内给水管道安装特点见表 2-1-5。

表 2-1-5　室内给水管道安装特点

<table>
<tr><th colspan="2">类型</th><th>安装特点</th></tr>
<tr><td colspan="2">给水管道的安装顺序</td><td>引入管→水平干管→立管→水平支管</td></tr>
<tr><td colspan="2">干管安装</td><td>给水管与其他管道共架或同沟敷设时，给水管应敷设在排水管、冷冻水管上面或热水管、蒸汽管下面。如果给水管必须铺在排水管的下面时，应加设套管，其长度不小于排水管径的 3 倍</td></tr>
<tr><td colspan="2">立管、支管安装</td><td>冷、热给水管上下并行安装时，热水管在冷水管的上面；垂直并行安装时，热水管在冷水管的左侧</td></tr>
<tr><td rowspan="2">附件</td><td>水表</td><td>住宅建筑应在配水管上和分户管上设置水表，安装螺翼式水表（见图 2-1-3），表前与阀门应有 8～10 倍水表直径的直线管段，其他水表的前后应有不小于 300mm 的直线管段。分户水表宜设在户门外</td></tr>
<tr><td>阀门</td><td>管径≤50mm，采用闸阀、球阀；管径>50mm 或者双向流动和经常启闭管段采用闸阀、蝶阀；不经常启闭而又需快速启闭的阀门，应采用快开阀</td></tr>
</table>

注：常用的给水附件有水表、阀门、止回阀、减压阀等。此处只阐述水表和阀门的安装特点。

图 2-1-3　螺翼式水表

3. 管道防护及水压试验

管道防护及水压试验要求见表 2-1-6。

表 2-1-6　管道防护及水压试验要求

类型	要点
管道防腐	埋地的钢管、铸铁管一般采用涂刷热沥青绝缘防腐
管道防冻、防结露	(1) 常用的绝热层材料有聚氨酯、岩棉、毛毡等 (2) 保护层用玻璃丝布包扎，薄金属板铆接进行保护 (3) 管道的防冻、防结露应在水压试验合格后进行
水压试验	给水管道安装完成确认无误后，必须进行系统的水压试验。室内给水管道试验压力为工作压力的 1.5 倍，但是不得小于 0.6MPa
管道冲洗、消毒	(1) 冲洗顺序应先室外，后室内；先地下，后地上。室内部分的冲洗应按配水干管、配水管、配水支管的顺序进行 (2) 饮用水管道在使用前用每升水中含 20～30mg 游离氯的水灌满管道进行消毒，水在管道中停留 24h 以上

二、排水工程

（一）排水工程施工程序

排水工程施工程序包括室外排水管道施工程序和室内排水管道施工程序。

1. 室外排水管道施工程序

施工准备→材料验收→管道测绘放线→管道沟槽开挖→管道加工预制→管道安装→排水管道窨井施工→系统闭水试验→管道沟槽回填→系统清洗→系统通水试验。

2. 室内排水管道施工程序

施工准备→材料验收→配合土建预留、预埋→管道测绘放线→管道支架制作→管道加工预制→管道支架安装→管道安装→系统灌水试验→系统通水、通球试验。

（二）排水系统组成

排水系统按污废水类型分为生活污水管道、工业废水管道、屋面雨水管道系统。

1. 室外排水系统组成

室外排水系统由排水管道、检查井、跌水井、雨水口和污水处理厂等组成。室外污水排除系统与雨水排除系统可以采用合流制或分流制。

2. 室内排水系统组成

室内排水系统的基本要求是迅速通畅地排除建筑内部的污废水，保证排水系统在气压波动下不使水封破坏。其组成包括卫生器具或生产设备受水器、存水弯、排水管道系统、通气管道系统、清通设备。其示意图及结构图见图 2-1-4。

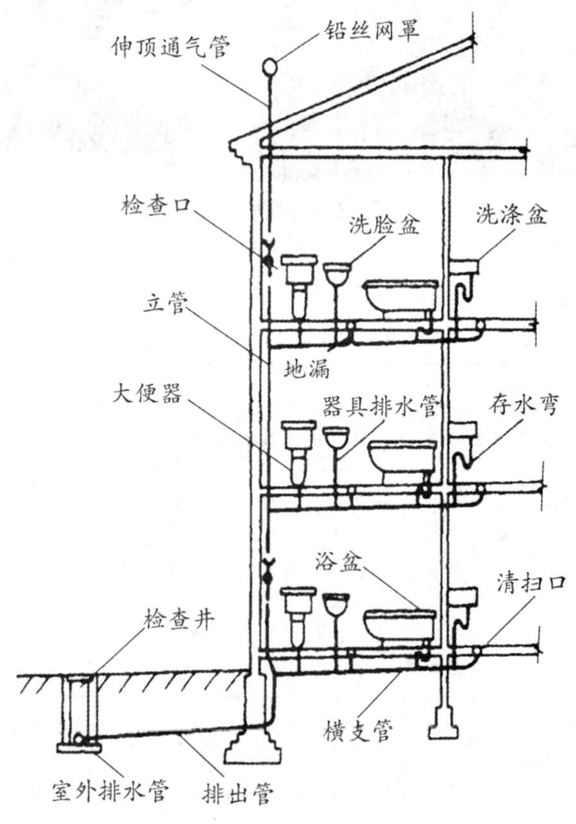

图 2-1-4　室内排水系统示意图

(三) 室内排水管道安装

1. 安装顺序

室内排水管道安装顺序：排出管→立管→通气管→支管→卫生器具。

2. 排水管道管材选择、连接及特点

排水管道管材选择、连接及特点见表 2-1-7。

表 2-1-7 排水管道管材选择、连接及特点

管材选择	连接及特点
铸铁排水管	(1) 从接口形式上，铸铁排水管材连接分为刚性接口和柔性接口 (2) 柔性接口分为 A 型柔性法兰接口（见图 2-1-5）、W 型无承口（管箍式）柔性接口（见图 2-1-6） (3) 一般排水横干管、首层出户管宜采用 A 型管，排水立管及排水支管宜采用 W 型管 (4) A 型管由于法兰压盖连接的机械性能较好，在做排水横干管时，可保证使用寿命和使用功能。同时，由于自身良好的机械强度，特别适用于高层排水出户横管，可承受上层来水的冲击力 接口连接图见图 2-1-7
塑料排水管(UPVC)	(1) 物化性能优良，耐化学腐蚀，抗冲强度高，流体阻力小，比同口径铸铁管流量提高 30% (2) 耐老化，使用寿命长，使用年限不低于 50 年 (3) 质轻耐用，安装方便，相对于相同规格的铸铁管，施工费用较低
钢管	(1) 用于由成组洗脸盆或饮用水喷水器到共用水封之间的排水管和连接卫生器具的排水短管 (2) 常用镀锌钢管或焊接钢管

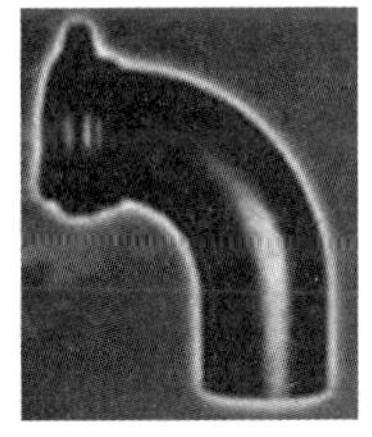

图 2-1-5 A 型柔性法兰接口

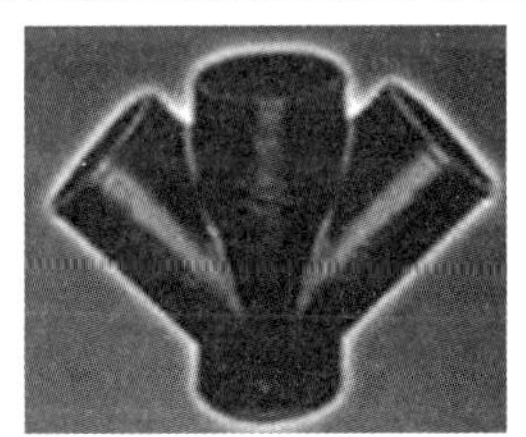

图 2-1-6 W 型无承口（管箍式）柔性接口

图 2-1-7 接口连接图

3. 各类型管道的安装要求

各类型管道的安装要求见表 2-1-8。

表 2-1-8 各类型管道的安装要求

类型	安装要求
排出管	(1) 排出管穿过地下室外墙或地下构筑物的墙壁时应设置防水套管；穿过承重墙或基础处应预留孔洞，并做防水处理 (2) 排出管在隐蔽前必须做灌水试验，其灌水高度不小于底层卫生器具的上边缘或底层地面的高度
排水立管（见图 2-1-8）	(1) 排水立管通常沿卫生间墙角敷设，不宜设置在与卧室相邻的内墙，宜靠近外墙 (2) 排水立管在垂直方向转弯时，应采用乙字弯（见图 2-1-9）或两个 45°弯头连接 (3) 排水立管应做通球试验
排水横支管	排水横支管、立管应做灌水试验

续表

类型	安装要求
排水铸铁管	(1) 排水铸铁管安装前，需逐根进行外观检查 (2) 柔性接口（见图 2-1-10）设置：排水立管的高度在 50m 以上，或在抗震设防 8 度地区的高层建筑，应在立管上每隔两层设置柔性接口；在抗震设防 9 度地区，立管和横管均应设置柔性接口
UPVC 排水管	管道可明装或暗装。每层立管及较长的横管上均要求设置伸缩节
阻火圈（见图 2-1-11）或防火套管	(1) 高层建筑中明设排水塑料管道应按设计要求设置阻火圈或防火套管 (2) 敷设在高层建筑室内的塑料排水管道管径≥110mm 时，应设置阻火圈：明敷立管穿越楼层的贯穿部位；横管穿越防火分区的隔墙和防火墙的两侧；横管穿越管道井井壁或管窿围护墙体的贯穿部位外侧
检查口（见图 2-1-12）和清扫口（见图 2-1-13）	(1) 检查口为可双向清通的管道维修口 (2) 清扫口仅可单向清通。污水横管上如设清扫口，应将清扫口设置在楼板或地坪上与地面相平

第二章

图 2-1-8 排水立管

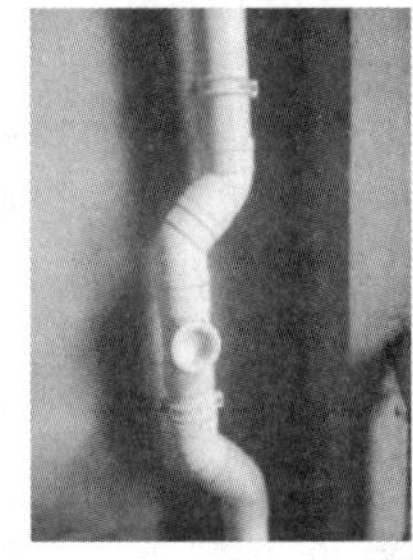

图 2-1-9 安装乙字弯

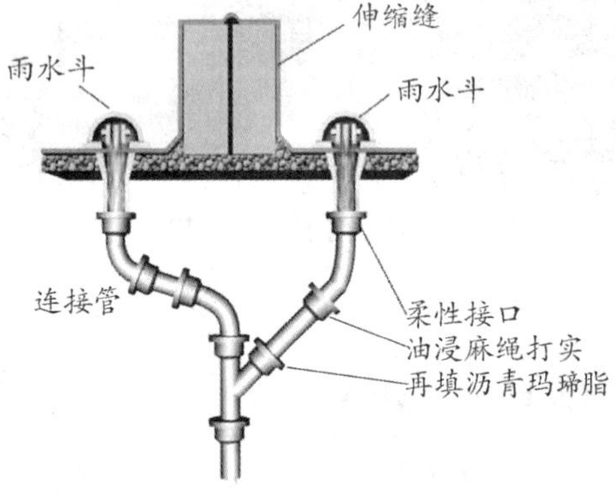

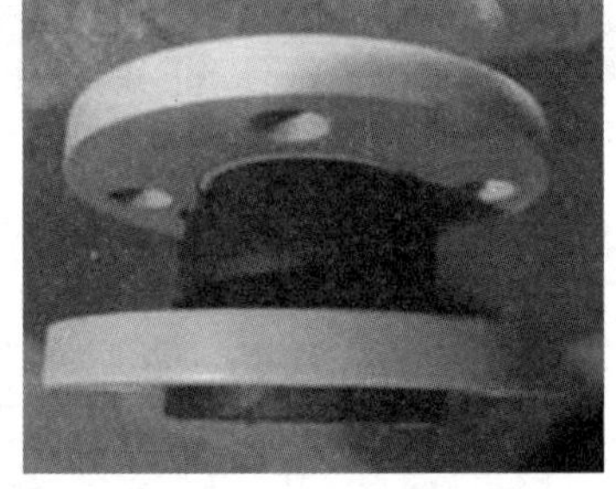

图 2-1-10 柔性接口

图 2-1-11 阻火圈

图 2-1-12 检查口

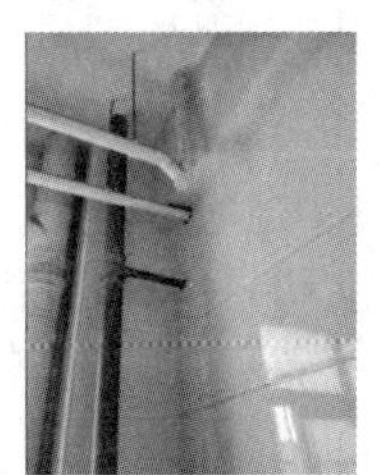

图 2-1-13 清扫口

三、采暖工程

（一）采暖管道施工程序

1. 室内供暖工程施工程序

施工准备→预留、预埋→管道测绘放线→管道元件检验→管道支吊架制作安装→管道预制→管道及配件安装→系统水压试验→防腐绝热→系统冲洗→试运行和调试。

2. 室外供热管网施工程序

施工准备→测量放线→管沟、井池开挖→管道支架制作安装→管道预制→管道安装→系统水压试验→防腐绝热→系统冲洗→试运行和调试→管沟回填。

（二）采暖系统组成和分类

1. 采暖系统组成

采暖系统由热源（锅炉房和热电厂）、热网（热源向热用户输送和分配供热介质的管道系统）和散热设备（将热量传至所需空间的设备）三部分组成。采暖系统示意图见图 2-1-14，地暖管见图 2-1-15，散热器见图 2-1-16。

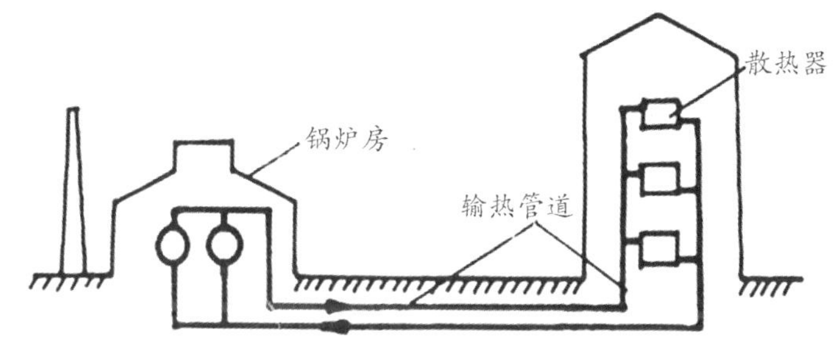

图 2-1-14 采暖系统示意图

图 2-1-15 地暖管

图 2-1-16 散热器

2. 采暖系统的分类

（1）按热媒种类分类：热水采暖系统、蒸汽采暖系统、热风采暖系统。

（2）按循环动力分类：重力循环系统、机械循环系统。

（3）按供暖范围分类：局部采暖系统、集中采暖系统、区域采暖系统。其特点及适用环境见表 2-1-9。

表 2-1-9　采暖系统按供暖范围分类、特点及适用环境

分类	特点及适用环境
局部采暖系统	(1) 热源、热网及散热设备三个主要组成部分在一起的供暖系统 (2) 以煤火炉、户用燃气炉、电加热器等作为热源，作用于分散平房或独立别墅（独立小楼）的采暖系统
集中采暖系统	热源和散热设备分开设置，由管网将它们之间连接，以锅炉房为热源作用于一栋或几栋建筑物的采暖系统
区域采暖系统	以热电厂、热力站或大型锅炉房为热源，作用于群楼、住宅小区等大面积供暖的采暖系统

·典型例题·

［**例题·单选**］热源和散热设备分开设置，由管网将它们连接，以锅炉房为热源作用于一栋或几栋建筑物的采暖系统类型为（　　）。

A. 局部采暖系统

B. 分散采暖系统

C. 集中采暖系统

D. 区域采暖系统

［**解析**］集中采暖系统：热源和散热设备分开设置，由管网将它们之间连接，以锅炉房为热源作用于一栋或几栋建筑物的采暖系统。

答案：C

（三）采暖系统的主要设备和部件

1. 水泵

常用的水泵有循环水泵、补水泵、混水泵、凝结水泵、中继泵等。其具体特点见表 2-1-10。

表 2-1-10　水泵安装选用特点

类型	特点
循环水泵	一般将循环水泵设在回水干管上，回水温度低，泵的工作条件好，有利于延长其使用寿命
凝结水泵	(1) 用于输送凝结水的水泵 (2) 凝结水泵台数不应少于 2 台，其中 1 台备用 (3) 凝结水泵可设置在热源、凝水回收站和用户内
中继泵	供热区域地形复杂或供热距离很长，或热水网路扩建等原因，使换热站入口处热网资用压头不满足用户需要时，可设中继泵

2. 散热器

(1) 散热器常用的材质为铸铁、钢及铝。钢制散热器是目前使用最广泛的散热器，适合大型别墅或大户型住宅使用。蒸汽供暖系统、具有腐蚀性气体的生产厂房或相对湿度较大的房间不宜设置钢制散热器。

(2) 常用散热器的结构形式有柱形、板形、翼形、管形等，见图2-1-17。其具体性能特点见表 2-1-11。

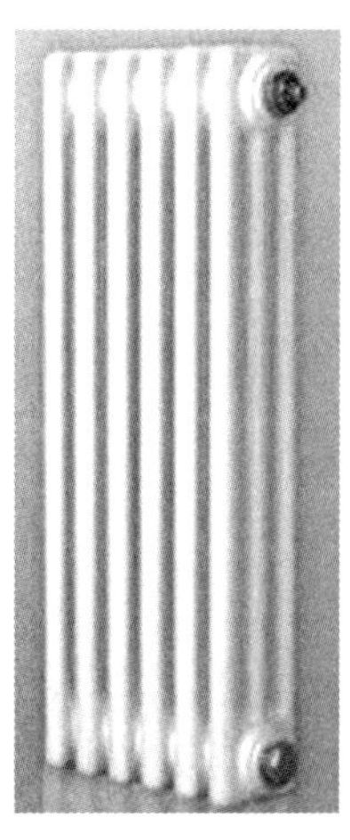
(a) 柱形散热器

(b) 钢制板式散热器

(c) 扁管形散热器

(d) 翼形散热器

(e) 钢制翅片管对流散热器

(f) 光排管散热器

图 2-1-17 散热器的结构形式

表 2-1-11 散热器的选用特点

类型	特点
钢制板式散热器	装饰性强，小体积能达到最佳散热效果，无须加暖气罩，最大限度减小室内占用空间，提高了房间的利用率
钢制翅片管对流散热器	(1) 采用框架固定，结构紧凑，气密性好，安装方便 (2) 既适用于蒸汽系统又适用于热水系统，作为加热空气用的钢制散热器，主要用于热风采暖、空气调节系统及干燥装置的空气加热，是热风装置中的主要设备
光排管散热器	(1) 构造简单、制作方便，使用年限长、散热快、散热面积大、适用范围广、易于清洁、无须维护保养；较笨重、耗钢材、占地面积大 (2) 适用于自行供热的车间厂房，也适用于灰尘较大的车间

3. 膨胀水箱

膨胀水箱分为开式高位膨胀水箱和闭式低位膨胀水箱两种。其具体特点及适用环境见表 2-1-12。

表 2-1-12 膨胀水箱特点及适用环境

类型	特点及适用环境
开式高位膨胀水箱	适用于中小型低温水供暖系统，构造简单，但有空气进入供暖系统会腐蚀管道及散热器

续表

类型	特点及适用环境
闭式低位膨胀水箱（气压罐）	能解决系统中水的膨胀问题，而且可与锅炉自动补水和系统稳压结合起来，气压罐宜安装在锅炉房内

·典型例题·

［**例题·单选**］采用无缝钢管焊接成型，构造简单，使用年限长，散热面积大，无须维护保养。但耗钢材，占地面积大，此类散热器为（　　）。

A. 扁管型散热器　　B. 光排管散热器

C. 翼型散热器　　D. 钢制翅片管对流散热器

［**解析**］光排管散热器采用优质焊接钢管或无缝钢管焊接成型，构造简单、制作方便，使用年限长、散热快、散热面积大、适用范围广、易于清洁、无须维护保养是其显著特点；缺点是较笨重、耗钢材、占地面积大。

答案：B

第二章

（四）采暖管道和散热设备的安装

（1）采暖管道的安装管径大于 32mm 时宜采用焊接或法兰连接。

（2）在管道最高点或最低点应分别安装排气或泄水装置。

（3）管径小于等于 32mm 的不保温采暖双立管道，两管中心距应为 80mm，允许偏差为 5mm。

（4）一对共用立管负担的户内系统数不宜过多，除每层设置热媒集配装置连接各户的系统外，一对共用立管每层连接的户数不宜大于三户。

（5）管道穿过墙或楼板，应设置填料套管。管道穿过外墙或基础时，应加设防水套管。

（6）管道试压前，在试压系统最高点设排气阀，在系统最低点装设手压泵或电泵。打开系统中全部阀门，但需关闭与室外系统相通的阀门。进行热水采暖系统水压试验时，应在隔断锅炉和膨胀水箱的条件下进行。

·典型例题·

［**例题·单选**］下列有关采暖管道安装的说法，正确的是（　　）。

A. 室内采暖管道 $DN>32$ 宜采用焊接或法兰连接

B. $DN\leqslant 32$ 不保温采暖双立管中心间距应为 50mm

C. 管道穿过墙或楼板，应设伸缩节

D. 一对共用立管每层连接的户数不宜大于四户

［**解析**］采暖管道的安装管径大于 32mm 宜采用焊接或法兰连接，选项 A 正确。管径小于等于 32mm 不保温采暖双立管道，两管中心距应为 80mm，允许偏差为 5mm，选项 B 错误。管道穿过墙或楼板，应设置填料套管，选项 C 错误。一对共用立管负担的户内系统数不宜过多，除每层设置热媒集配装置连接各户的系统外，一对共用立管每层连接的户数不宜大于三户，选项 D 错误。

答案：A

第二节　通风空调工程

通风与空调系统见图 2-2-1。

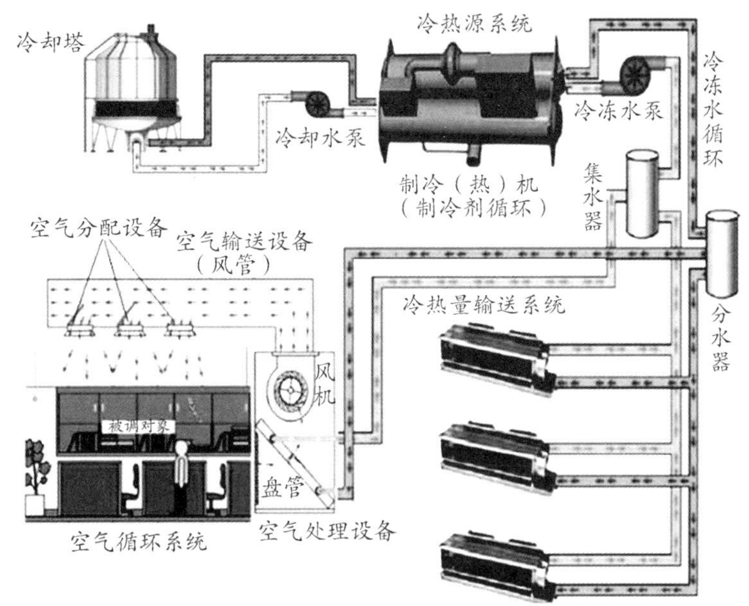

图 2-2-1　通风与空调系统

通风与空调工程的具体施工程序如下：施工准备→风管、部件、法兰的预制和组装→风管、部件、法兰的预制和组装的中间质量验收→支吊架制作与安装→风管系统安装→通风空调设备安装→空调水系统管道安装→管道的检验与试验→风管、水管、部件及空调设备绝热施工→通风空调设备试运转、单机调试→通风与空调工程的系统联合试运转调试→通风与空调工程竣工验收→通风与空调工程综合效能测定与调整。

一、通风工程

（一）通风系统组成

通风系统的组成一般包括：空气处理设备，如空气过滤设备、热湿处理设备和空气净化设备等；送风机或排风机；风道系统，如风管、阀部件、送排风口、排气罩等；排气处理设备，如除尘器、有害气体净化设备、风帽等。

（二）通风方式

按通风系统工作的动力分类，通风可分为自然通风和机械通风两种。

1. 自然通风

（1）自然通风是利用室内外风压差或温差所形成的热压，使室内外空气进行交换的通风方式。

（2）自然通风具有经济、节能、简便易行、无须专人管理、无噪声等优点，在选择通风措施时应优先采用，适合在一般的居住建筑、普通办公楼、工业厂房（尤其是高温车间）中使用。

2. 机械通风

（1）机械通风是借助通风机所产生的动力使空气流动的通风方式，包括机械送风和排风。机械通风的空气流动速度和方向可以方便地控制，因此比自然通风更加可靠。但机械通风系统比较复杂，风机需要消耗电能，一次性投资和运行管理费用比较高。机械通风见图 2-2-2。

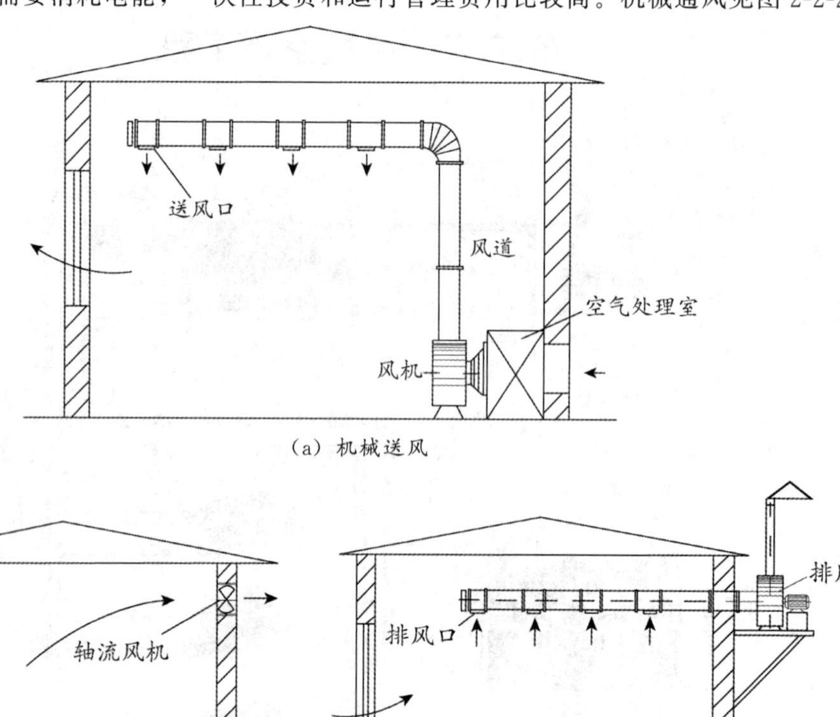

（a）机械送风

（b）机械排风

图 2-2-2　机械通风

（2）机械排风口收集室内空气，为提高全面通风的稀释效果，风口宜设在污染物浓度较大的地方。污染物密度比空气小时，风口宜设在上方；而密度较大时，宜设在下方。

（3）按通风系统的作用范围分类，通风可分为局部通风和全面通风两种方式，其定义、特点及适用环境见表 2-2-1。

表 2-2-1　局部通风和全面通风的定义、特点及适用环境

<table>
<tr><th colspan="2">类型</th><th>定义</th><th>特点及适用环境</th></tr>
<tr><td rowspan="2">局部通风</td><td>局部送风</td><td rowspan="2">局部通风就是在有害物质、高温气体产生的地点对其直接捕获、收集、排放，或直接向有害物产生地送入新鲜空气，从而改善该局部区域的空气环境。此系统所需风量小、效果好</td><td>将干净的空气直接送至室内人员所在的地方，以改善每位工作人员的局部环境，使其达到要求的标准，而并非使整个空间环境达到该标准</td></tr>
<tr><td>局部排风</td><td>在产生污染物的地点直接将污染物捕集起来，经处理后排至室外。当污染物集中于某处发生时，局部排风是最有效的治理污染物对环境危害的通风方式</td></tr>
<tr><td colspan="2">全面通风</td><td>全面通风也称为稀释通风，是利用清洁的空气稀释室内空气中有害物，降低浓度，同时将污染空气排出室外。对于散发热、湿或有害物质的车间或其他房间，当不能采用局部通风或采用局部通风仍达不到卫生标准要求时，应辅以全面通风</td><td>全面通风可分为稀释通风、单向流通风、均匀流通风和置换通风</td></tr>
</table>

·典型例题·

［**例题·单选**］机械排风系统中，风口宜设置在（　　）。

A. 污染物浓度较大的地方　　B. 污染物浓度中等的地方

C. 污染物浓度较小的地方　　D. 没有污染物的地方

［**解析**］风口是收集室内空气的地方，为提高全面通风的稀释效果，风口宜设在污染物浓度较大的地方。污染物密度比空气小时，风口宜设在上方；而密度较大时，宜设在下方。

答案：A

（三）通风系统主要设备

1. 通风机

（1）在通风和空调工程中，按作用原理划分，常用的风机有离心式、轴流式、混（斜）流式和贯流式等类型。贯流式通风机（横流风机）全压系数较大，效率较低，其进、出口均是矩形的，易与建筑配合，大量应用于空调挂机、空调扇、风幕机等设备产品中。

（2）通风机按其用途可分为一般用途通风机、排尘通风机、高温通风机、防爆通风机、防腐通风机、防排烟通风机、屋顶通风机和射流通风机。通风机的分类及特点见表 2-2-2。

表 2-2-2　通风机的分类及特点

分类	特点
一般用途通风机	只适宜输送温度低于 80℃、比较清洁的空气
排尘通风机	适用于输送含尘气体
防爆通风机	叶轮用铝板制作，机壳用钢板制作，对于防爆等级高的通风机，叶轮、机壳则均用铝板制作，并在机壳和轴之间增设密封装置
防腐通风机	在通风机叶轮、机壳或其他与腐蚀性气体接触的零部件表面喷镀防腐漆
防排烟通风机	（1）具有耐高温的显著特点，一般在温度高于 300℃的情况下可连续运行 40min 以上 （2）排烟风机一般装于室外
屋顶通风机	直接安装于建筑物的屋顶上，其材料可用钢制或玻璃钢制，又分为离心式和轴流式两种，施工安装极为方便
射流通风机	（1）与普通轴流通风机相比，能提供较大的通风量和较高的风压。一般认为通风量可增加 30%～35%，风压增高约 2 倍 （2）可用于铁路、公路隧道的通风换气

2. 风阀

风阀的分类、特点及应用见表 2-2-3。

表 2-2-3　风阀的分类、特点及应用

功能分类		特点及应用
具有控制和调节两种功能的风阀	蝶式调节阀、菱形单叶调节阀和插板阀	用于小断面风管
	平行式多叶调节阀、对开式多叶调节阀（见图 2-2-3）和菱形多叶调节阀	用于大断面风管
	复式多叶调节阀和三通调节阀	用于管网分流或合流或旁通处的各支路风量调节

续表

功能分类		特点及应用
只具有控制功能的风阀	止回阀	风机停止运转时阻止气流倒流
	防火阀（见图 2-2-4）	平时全开，火灾时关闭并切断气流，防止火灾通过风管蔓延，70℃关闭
	排烟阀（见图 2-2-5）	平常关闭，排烟时全开，排除室内烟气，80℃开启

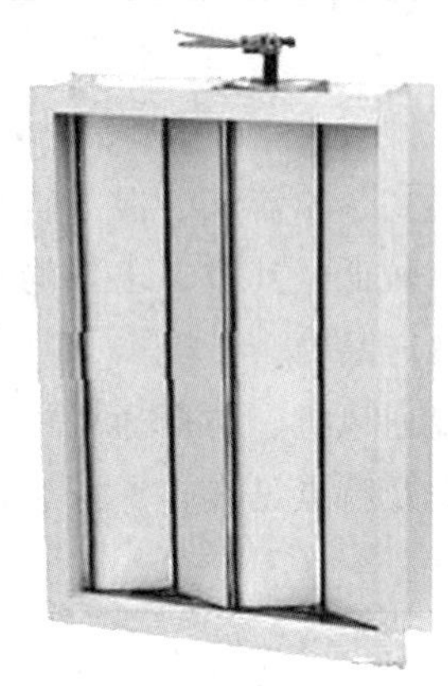

图 2-2-3　对开式多叶调节阀

图 2-2-4　防火阀

图 2-2-5　排烟阀

第二章

3. 风口

风口的基本功能是将气体吸入或排出管网，通风（空调）工程中使用最广泛的是铝合金风口，表面经氧化处理，具有良好的防腐、防水性能。

（1）风口常用类型。目前常用的风口有格栅风口、地板回风口、条缝型风口、百叶风口（包括固定百叶风口和活动百叶风口）和散流器。

（2）按具体功能可将风口分为新风口、排风口、送风口、回风口等。

4. 排风罩

排风罩见图 2-2-6。

图 2-2-6　排风罩

排风罩的主要作用是排除工艺过程或设备中的含尘气体、余热、余湿及有毒、有害物质等，按照工作原理的不同，排风罩类型及特点见表 2-2-4。

表 2-2-4 排风罩类型及特点

类型	特点
密闭罩	(1) 把有害物源全部密闭在罩内，从罩外吸入空气，使罩内保持负压 (2) 只需要较小的排风量就能对有害物质进行有效控制 (3) 用于除尘系统的密闭罩也称为防尘密闭罩 (4) 按照密闭罩和工艺设备的配置关系，防尘密闭罩可分为三类：局部密闭罩、整体密闭罩和大容积密闭罩
柜式排风罩（通风柜）	结构与密闭罩相似，只是罩的一面是全部敞开的，是一种大型的室式通风柜，操作人员可直接进入柜内工作
外部吸气罩	利用排风气流的作用，在有害物质发生地点造成一定的吸入速度，使有害物质吸入罩内
接受式排风罩	用于生产过程和设备本身会产生或诱导一定的气流运动的情况，只需把排风罩设在污染气流前方，有害物质就会随气流直接进入罩内
吹吸式排风罩	具有风量小、控制效果好、抗干扰能力强、不影响工艺操作等特点

5. 除尘器

（1）除尘器或除尘设备是把粉尘从烟气中分离出来的设备。除尘器是锅炉及工业生产中常用的设施。

（2）除尘器按其作用原理可分为过滤除尘器、静电除尘器、磁力除尘器。按照除尘方式可分为干式除尘器、半干式除尘器、湿式除尘器。

6. 消声器

消声器的类型、原理及特点见表 2-2-5。

表 2-2-5 消声器的类型、原理及特点

类型	原理及特点
阻性消声器	利用敷设在气流通道内的多孔吸声材料来吸收声能，降低沿通道传播的噪声
抗性消声器	利用声波通道截面的突变（扩张或收缩），使沿管道传递的某些特定频段的声波反射回声源，从而达到消声的目的
扩散消声器	在其器壁上设许多小孔，气流经小孔喷射后，通过降压减速，达到消声目的
缓冲式消声器	利用多孔管及腔室阻抗作用，将脉冲流转换为平滑流的消声设备
干涉型消声器	利用波的干涉原理，在气流通道上设一旁通管，使部分声能分岔到旁通管里，使主、旁通道中的声波在汇合处波长相同，相位相反，在传播过程中，相波相互削弱或完全抵消，达到消声目的

·典型例题·

［**例题 1·单选**］防爆等级低的防爆通风机，叶轮和机壳的制作材料为（　　）。

A. 叶轮和机壳均用钢板

B. 叶轮和机壳均用铝板

C. 叶轮用钢板、机壳用铝板

D. 叶轮用铝板、机壳用钢板

［**解析**］对于防爆等级低的通风机，叶轮用铝板制作，机壳用钢板制作；对于防爆等级高的通风机，叶轮、机壳则均用铝板制作，并在机壳和轴之间增设密封装置。

［**例题 2·单选**］某种通风机具有可逆转特性，在重量或功率相同的情况下，能提供较大

的通风量和较高的风压，可用于铁路、公路隧道的通风换气。该风机为（　　）。

A. 离心式通风机

B. 普通轴流式通风机

C. 贯流式通风机

D. 射流式通风机

［解析］射流通风机与普通轴流通风机相比，在相同通风机重量或相同功率的情况下，能提供较大的通风量和较高的风压。一般认为通风量可增加30%～35%，风压增高约2倍。此种风机具有可逆转特性，反转后风机特性只降低5%。可用于铁路、公路隧道的通风换气。

答案：1.D　2.D

（四）通风系统安装

通风系统的安装包括通风系统的风管及部件的制作与安装、通风设备的制作与安装、通风（空调）系统试运转及调试。

1. 通风管道安装

（1）通风管道的分类，按风管的材质分为金属风管和非金属风管。

（2）通风管道的断面形状，分为圆形和矩形两种。在同样断面面积下，圆形管道周长最短，耗钢量小，强度大，但占有效空间大，其弯管与三通需较长距离。矩形管道的压力损失要比圆形管道大，矩形管道占有效空间较小，易于布置，明装较美观。一般情况下通风风管（特别是除尘风管）都采用圆形管道，空调风管多采用矩形风管，高速风管宜采用圆形螺旋风管。

（3）风管的制作和安装：

1）风管可现场制作或工厂预制，风管制作方法分为咬口连接、铆钉连接、焊接。咬口连接适用于厚度小于或等于1.2mm的普通薄钢板和镀锌薄钢板、厚度小于或等于1.0mm的不锈钢板以及厚度小于或等于1.5mm的铝板。镀锌钢板及含有各类复合保护层的钢板应采用咬口连接或铆接，不得采用焊接连接。

2）风管连接有法兰连接和无法兰连接。软管连接用于风管与部件（如散流器、静压箱、侧送风口等）的连接。风管安装连接后，在刷油、绝热前应按规范进行严密性、漏风量检测。

2. 通风（空调）系统试运转及调试

（1）通风（空调）系统试运转及调试一般包括设备单体试运转、联合试运转、综合效能试验。

（2）设备单体试运转包括：①通风机试运转；②水泵试运转；③制冷机试运转；④空气处理室表面热交换器工作是否正常；⑤带有动力的除尘器与空气过滤器的试运转。

（3）联合试运转空调系统带冷、热源的正常联合试运转应大于8h，当竣工季节条件与设计条件相差较大时，仅做不带冷、热源的试运转。通风、除尘系统的连续试运转应大于2h。

二、空调工程

空调系统简图见图2-2-7。

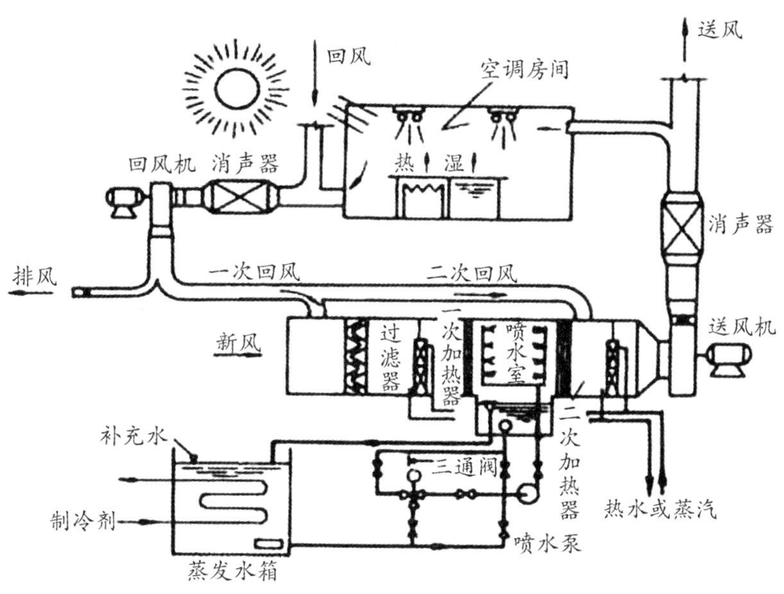

图 2-2-7　空调系统简图

（一）空调系统组成

空调系统的组成见表 2-2-6。

表 2-2-6　空调系统的组成

类型	组成
空气处理设备	(1) 空气加热或冷却设备、空气加湿或去湿设备和空气净化设备等 (2) 空调处理设备主要包括组合式空调机组、新风机组、风机盘管、热回收装置、变风量末端装置、单元式空调机等
热源和冷源及其附属设备	(1) 常用的热源有提供热水或蒸汽的锅炉、电加热器等 (2) 空调冷源包括天然和人工冷源 (3) 附属设备：冷却塔、水泵、软化水装置、集分水器、换热装置、蓄冷蓄热装置、净化设备、过滤装置、定压稳压装置等
空调风系统	由风机和风管系统组成
空调水系统	冷冻水（或热水）系统和冷却水系统
控制、调节装置	包括压力传感器、温度传感器、温湿度传感器、空气质量传感器、流量传感器、执行器等

（二）空调系统分类

空调系统的分类及特点见表 2-2-7。

表 2-2-7　空调系统的分类及特点

分类		特点
按空气处理设备的设置情况分	集中式系统	空气处理设备和通风机集中设置在空调机房内，空气经处理后，由风道送入各房间。分为单风管系统和双风管系统
	半集中式系统	集中处理部分或全部风量，然后送往各房间（或各区），在各房间（或各区）再进行处理的系统。如风机盘管加新风系统为典型的半集中式系统
	分散式系统	将整体组装的空调机组直接设置在空调房间内的系统

续表

分类		特点
按承担室内负荷的输送介质分	全空气系统	房间的全部负荷均由集中处理后的空气负担。如定风量或变风量的单风管中式系统、双风管系统、全空气诱导系统等
	空气-水系统	空调房间的负荷由集中处理的空气负担一部分，其他负荷由水作为介质送入空调房间对空气进行再处理（加热或冷却等）。如带盘管的诱导系统、风机盘管机组加新风系统
	全水系统	房间负荷全部由集中供应的冷、热水负担。如风机盘管系统、辐射板系统等
	冷剂系统	以制冷剂为介质，直接用于对室内空气进行冷却、去湿或加热
按所处理空气的来源分	封闭式系统	没有新风，仅适用于人员很少的场所，如仓库等
	直流式系统	这种系统消耗较多的冷量和热量，主要用于空调房间内产生有毒有害物质而不允许利用回风的场所
	混合式系统	所处理的空气一部分来自室外新风，另一部分来自空调房间循环空气。这种系统综合了封闭式系统和直流式系统的利弊，应用最广泛

（三）空调系统常用设备

1. 空调系统的冷热源

（1）空调系统的冷源主要是制冷装置，而热源主要是蒸汽、热水以及电热，还有既能供冷又能供热的冷热源一体化设备，如热泵机组、直燃性冷热水机组。

（2）电制冷装置即蒸气压缩式制冷机组，蒸汽压缩制冷。广泛用于家用冰箱（冰柜）、汽车空调、超市用制冷以及大多数的住宅、商业和工艺用空调。常见的电制冷机组可分为冷水机组和风冷机组。

（3）冷水机组（见图 2-2-8）：制冷剂在蒸发器中吸收水中的热量而蒸发，机组向空调系统提供冷水，常见的水冷压缩式冷水机组有活塞式冷水机组、离心式冷水机组和螺杆式冷水机组三类。其特点见表 2-2-8。

图 2-2-8　冷水机组

表 2-2-8　冷水机组的特点

类型	特点
活塞式冷水机组	具有制造简单、价格低廉、运行可靠、使用灵活等优点，在民用建筑空调中占重要地位
离心式冷水机组	离心式冷水机组是目前大中型商业建筑空调系统中使用最广泛的一种机组，具有质量轻、制冷系数较高、运行平稳、容量调节方便、噪声较低、维修及运行管理方便等优点，主要缺点是小制冷量时机组能效比明显下降，负荷太低时可能发生喘振现象，使机组运行工况恶化

续表

类型	特点
螺杆式冷水机组	兼有活塞式冷水机组和离心式冷水机组二者的优点。螺杆式冷水机组运行比较平稳，易损件少，单级压缩比大，管理方便

2. 空气处理设备

空气处理设备的类型及特点见表 2-2-9。

表 2-2-9　空气处理设备的类型及特点

类型	特点
喷水室	(1) 优点：实现对空气加湿、减湿、加热、冷却多种处理过程，并具有一定的空气净化能力，喷水室消耗金属少，容易加工 (2) 缺点：水质要求高、占地面积大、水泵耗能多，故在民用建筑中不再采用 (3) 以调节湿度为主要目的的空调中仍大量使用
表面式换热器	(1) 可实现对空气减湿、加热、冷却多种处理过程 (2) 与喷水室相比：表面式换热器具有构造简单，占地少，对水的清洁度要求不高，水侧阻力小等优点
空气加湿设备	空气加湿的方法：喷水室加湿、喷蒸汽加湿、电热式加湿器、离心式加湿器、超声波加湿器
空气减湿设备	(1) 常用的固体吸湿剂是硅胶和氯化钙 (2) 常见的减湿设备有冷冻减湿机、转轮除湿机和蒸发冷凝再生式减湿系统
空气过滤器	(1) 按过滤器性能划分可分为粗效过滤器、中效过滤器、高中效过滤器、亚高效过滤器和高效过滤器 (2) 高中效过滤器滤料为无纺布或丙纶滤布，结构形式多为袋式，滤料多为一次性使用 (3) 亚高效过滤器能较好地去除 0.5μm 以上的灰尘粒子，可作净化空调系统的中间过滤器和低级别净化空调系统的末端过滤器。其滤料为超细玻璃纤维滤纸和丙纶纤维滤纸

3. 空调水系统设备

空调水系统设备的类型及特点见表 2-2-10。

表 2-2-10　空调水系统设备的类型及特点

类型	特点
冷却塔	(1) 冷却塔是用水作为循环冷却剂，从系统中吸收热量排放至大气中，以降低水温的装置 (2) 空调用冷却塔常见的有逆流式（塔内空气和冷却水逆向流动）、横流式（塔内空气和冷却水垂直流动）和混流式冷却塔
分水器	空调水系统中，用于连接供水管和回水管的装置，分为分水器和集水器两部分

·典型例题·

［**例题 1·单选**］能较好去除 0.5μm 以上灰尘粒子，可作为净化空调系统的中间过滤器和低级别净化空调系统的末端过滤器的是（　　）。

A. 粗效过滤器

B. 中效过滤器

C. 高效过滤器

D. 亚高效过滤器

［**解析**］亚高效过滤器能较好地去除 0.5μm 以上的灰尘粒子，可作为净化空调系统的中间过滤器和低级别净化空调系统的末端过滤器。

［**例题 2·多选**］高中效过滤器作为净化空调系统的中间过滤器，其材料应有（　　）。

A. 无纺布

B. 丙纶滤布

C. 丙纶纤维滤纸

D. 玻璃纤维滤纸

E. 玻璃纤维滤布

[**解析**] 中效过滤器滤料一般是无纺布，有一次性使用和可清洗的两种。高效过滤器滤料为无纺布或丙纶滤布，结构形式多为袋式，滤料多为一次性使用。

答案：1. D　2. AB

（四）空调系统安装

空调系统安装要求见表 2-2-11。

表 2-2-11　空调系统安装要求

类型	要求
风机盘管安装	风机盘管在安装前对机组的换热器应进行水压试验，试验压力为工作压力的 1.5 倍，不渗不漏即可
诱导器安装	(1) 诱导器与一次风管连接处应严密，防止漏风 (2) 诱导器安装前必须逐台进行质量检查，检查项目如下：①各连接部分不能松动、变形和产生破裂等情况，喷嘴不能脱落、堵塞；②静压箱封头处缝隙密封材料，不能有裂痕和脱落；③一次风调节阀必须灵活可靠，并调到全开位置
吊顶式新风空调箱安装	(1) 在机组风量和重量均不太大，而机组的振动又较小的情况下，吊杆顶部采用膨胀螺栓与楼板连接，吊杆底部采用螺扣加装橡胶减振垫与吊装孔连接的办法 (2) 合理考虑机组振动，采取适当的减振措施 (3) 机组的送风口与送风管道连接时应采用帆布软管连接形式
冷却塔安装	在冷却塔下方不另设水池时，冷却塔应自带盛水盘，盛水盘应有一定的盛水量，并设有自动控制的补给水管、溢水管和排污管

第三节　电气工程

一、电气照明工程

（一）照明工程施工程序

（1）安装照明配电箱施工程序：配电箱固定→配管→管内穿线→导线连接→送电前检查→送电运行。

（2）照明灯具的施工程序：灯具开箱检查→灯具组装→灯具安装接线→送电前的检查→送电运行。

（3）开关插座施工程序：接线盒清理→开关插座接线→开关插座安装。

（4）配电箱施工程序：

1）暗装照明配电箱施工程序：配电箱固定→配管→管内穿线→导线连接→送电前检查→送电运行。

2）明装动力配电箱施工程序：基础框架制作安装→配电箱安装固定→导线连接→送电前

检查→送电运行。

（二）常用电光源种类

常用电光源的种类及特点见表 2-3-1。

表 2-3-1 常用电光源的种类及特点

种类	特点	图例
白炽灯	(1) 白炽灯靠钨丝白炽体的高温热辐射发光。主要由玻璃泡体、灯丝和灯头组成 (2) 优点：结构简单，使用方便，显色性好，平均寿命 1 000h (3) 缺点：发光效率低，振动容易损坏，瞬时启动电流大，电压变化对寿命、光通量影响严重	
荧光灯	荧光灯由镇流器、灯管、启动（启辉）器和灯座等组成。灯内抽真空后封入汞粒，并充入少量氩、氪、氖等气体，荧光灯也是一种低压的汞蒸气弧光放电灯	
卤钨灯	(1) 卤钨灯是一种热辐射光源，在被抽成真空的玻璃壳内除充以惰性气体外，还充入少量的卤族元素 (2) 卤钨灯工作温度和光效高，寿命1 500～2 000h (3) 溴钨灯和碘钨灯应用广	
高压水银灯（高压汞灯）	利用高压水银蒸气放电发光的一种气体放电灯。灯管内装有一对电极且抽去空气，充入少量氩气和液态水银，通电后氩气放电将水银加热和气化，水银蒸气受电子激发而放电产生强烈辉光，经常用在道路、广场和施工现场的照明中	
高压钠灯	(1) 发光效率高、耗电少、寿命长、透雾能力强和不诱虫 (2) 耐振性能好，受环境温度变化影响小，适用于室外 (3) 钠灯黄色光谱透雾性能好，最适于交通照明，但功率因数低，显色性差	
低压钠灯	(1) 利用低压钠蒸气放电发光的电光源，在它的玻璃外壳内涂有红外线反射膜 (2) 发光效率 200 lm/W (3) 光效最高，寿命最长，不炫目 (4) 太阳能路灯照明系统的最佳光源 (5) 用途：高速公路、交通道路、市政道路、公园、庭院照明	

第二章

续表

种类	特点	图例
金属卤化物灯	（1）发光效率高，平均可达70～100 lm/W，光色接近自然光 （2）显色性好 （3）紫外线向外辐射少，但无外壳的金属卤化物灯则紫外线辐射较强，应增加玻璃外罩，或悬挂高度不低于5m （4）平均寿命比高压汞灯短（3 000～10 000h） （5）电压变化影响光效和光色的变化，电压突降会自灭，所以电压变化不宜超过额定值的±5%	
氙灯	（1）优点：高压氙气放电，白光和太阳光相似，显色性好，发光效率高，功率大，有“小太阳”的美称 （2）缺点：工作中辐射的紫外线较多，人不宜靠得太近 （3）适用：广场、公园、体育场、大型建筑工地、露天煤矿、机场等地方的大面积照明	
发光二极管（LED）	（1）电致发光，可辐射各种色光和白光 （2）特点：寿命长、耐冲击和防振动、无紫外和红外辐射、低电压下工作安全 （3）缺点：单个LED功率低，大功率需多个并联使用；单个大功率LED价格贵；显色指数低	

·典型例题·

［**例题·单选**］某光源在工作中辐射的紫外线较多，产生很强的白光，有“小太阳”的美称。这种光源是（　　）。

A. 高压水银灯

B. 高压钠灯

C. 氙灯

D. 卤钨灯

［**解析**］氙灯是采用高压氙气放电产生很强白光的光源，和太阳光相似，故显色性很好，发光效率高，功率大，有“小太阳”的美称。

答案：C

（三）常用电光源安装

1. 一般规定

（1）室外墙上安装的灯具，灯具底部距地面的高度不应小于2.5m。

（2）露天安装的灯具及其附件、接线盒等应有防腐蚀和防水措施。

（3）成排安装的灯具中心线偏差不应大于5mm。

（4）质量大于10kg的灯具，其固定装置应按5倍灯具重量的恒定均布载荷全数作强度试验，历时15min，固定装置的部件应无明显变形。

2. 专用灯具

专用灯具的安装要求见表2-3-2。

表 2-3-2　专用灯具的安装要求

类型	安装要求
应急照明灯具	(1) 安全出口标志灯应设置在疏散方向的里侧上方，灯具底边宜在门框（套）上方 0.2m (2) 地面上的疏散指示标志灯，应有防止被重物或外力损坏的措施 (3) 当厅室面积较大，疏散指示标志灯无法装设在墙面上时，宜装设在顶棚下且距地面高度不宜大于 2.5m (4) 应急照明灯具安装完毕，应检验灯具电源转换时间：备用照明不应大于 5s；金融商业交易场所不应大于 1.5s；疏散照明不应大于 5s；安全照明不应大于 0.25s
航空障碍标志灯	当灯具在烟囱顶上安装时，应安装在低于烟囱口 1.5～3m 的部位且呈正三角形水平布置

（四）插座和开关安装

1. 插座安装

插座的安装应符合下列规定：

(1) 当住宅、幼儿园及小学等儿童活动场所电源插座底边距地面高度低于 1.8m 时，必须选用安全型插座。

(2) 当设计无要求时，插座底边距地面高度不小于 0.3m；无障碍场所插座底边距地面高度宜为 0.4m，其中厨房、卫生间插座底边距地面高度宜为 0.7～0.8m；老年人专用的生活场所插座底边距地面高度宜为 0.7～0.8m。

(3) 同一室内相同标高的插座高度差不大于 5mm；并列安装相同型号的插座高度差不大于 1mm。

2. 开关安装

(1) 同一建筑物、构筑物内，开关的通断位置应一致，操作灵活，接触可靠。同一室内安装的开关控制有序不错位，相线应经开关控制。

(2) 开关的安装位置应便于操作，同一建筑物内开关边缘距门框（套）的距离宜为 0.15～0.2m。

(3) 当设计无要求时，开关安装高度应符合下列规定：

1) 开关面板底边距地面高度宜为 1.3～1.4m。

2) 拉线开关底边距地面高度宜为 2～3m，距顶板不小于 0.1m，且拉线出口应垂直向下。

3) 无障碍场所开关底边距地面高度宜为 0.9～1.1m。

4) 老年人生活场所开关宜选用宽板按键开关，开关底边距地面高度宜为 1.0～1.2m。

·典型例题·

[**例题·单选**] 按照《建筑电气照明装置施工及验收规范》(GB 50617—2010)，下列灯具安装正确的说法是（　　）。

A. 室外墙上安装的灯具，其底部距地面的高度不应小于 2.5m

B. 安装在顶棚下的疏散指示灯距地面高度不宜小于 2.5m

C. 航空障碍灯在烟囱顶上安装时，应安装在烟囱口以上 1.5～3.0m

D. 带升降器的软线吊灯在吊线展开后，灯具下沿应不高于工作台面 0.3m

[**解析**] 室外墙上安装的灯具，灯具底部距地面的高度不应小于 2.5m，选项 A 正确。当厅室面积较大，疏散指示标志灯无法装设在墙面上时，宜装设在顶棚下且距地面高度不宜大于 2.5m，选项 B 错误。航空障碍灯在烟囱顶上安装时，应安装在低于烟囱口 1.5～3.0m 的部位

且呈正三角形水平布置，选项C错误。带升降器的软线吊灯在吊线展开后，灯具下沿应高于工作台面0.3m，选项D错误。

答案：A

二、消防工程

（一）消防工程组成

消防工程包括消防水灭火系统、火灾自动报警系统、气体灭火系统、防排烟系统、应急疏散系统、消防通信系统、消防广播系统、泡沫灭火系统、防火分隔设施（防火门、防火卷帘）等。

（二）消防工程施工程序

1. 水灭火系统施工程序

（1）消火栓系统施工程序：

施工准备→干管安装→支管安装→箱体稳固→附件安装→管道试压、冲洗→系统调试。

（2）自动喷水灭火系统施工程序：

施工准备→干管安装→报警阀安装→立管安装→喷洒分层干、支管安装→喷洒头支管安装→管道试压→管道冲洗→减压装置安装→报警阀配件及其他组件安装→喷洒头安装→系统通水调试。

2. 固定消防炮灭火系统施工程序

施工准备→干管安装→立管安装→分层干管、支管安装→管道试压→管道冲洗→消防炮安装→动力源和控制装置安装→系统调试。

3. 干粉灭火系统施工程序

施工准备→设备和系统组件安装→管道安装→管道试压、吹扫→系统调试。

4. 泡沫灭火系统施工程序

施工准备→设备和系统组件安装→管道安装→管道试压、吹扫→系统调试。

5. 气体灭火系统施工程序

施工准备→设备和系统组件安装→管道安装→管道试压、吹扫→系统调试。

6. 火灾自动报警及联动控制系统施工程序

施工准备→导管、线槽敷设→线缆敷设→绝缘电阻测试→设备安装→校线接线→单机调试→系统调试→验收。

（三）灭火系统的类别及功能

1. 消火栓灭火系统

消火栓灭火系统是最常用的水灭火系统。可分为室外消火栓灭火系统和室内消火栓灭火系统。

（1）室外消火栓灭火系统由室外消火栓、消防水泵接合器、供水管网和消防水池组成，用作消防车供水或直接接出消防水带及水枪进行灭火。按安装方法分为地上式消火栓和地下式消火栓。

（2）室内消火栓灭火系统由消火栓、水带、水枪、消防管道等组成，用以直接接出消防水带及水枪进行灭火，为了在发生火灾时能迅速启动消防泵进行灭火，设有直接启动消防泵的按钮。

（3）根据室外消防给水系统提供的水量、水压及建筑物的高度、层数，室内消火栓给水系统的给水方式有无水泵和水箱的室内消火栓给水系统、仅设水箱的室内消火栓给水系统、设消防水泵和水箱的室内消火栓给水系统、区域集中的室内高压消火栓给水系统、室内临时高压消火栓给水系统及分区给水的室内消火栓给水系统。

2. 自动喷水灭火系统

自动喷水灭火系统的类型及特点见表 2-3-3。

表 2-3-3　自动喷水灭火系统的类型及特点

类型	特点	图例
自动喷水湿式灭火系统	(1) 在准工作状态时管道内充满有压水的闭式系统 (2) 该系统由闭式喷头（见图 2-3-1）、水流指示器、湿式自动报警阀组、控制阀及管路系统组成，必要时还包括与消防水泵联动控制和自动报警装置 (3) 具有控制火势或灭火迅速的特点。主要缺点是不适应于寒冷地区，其使用环境温度为4～70℃	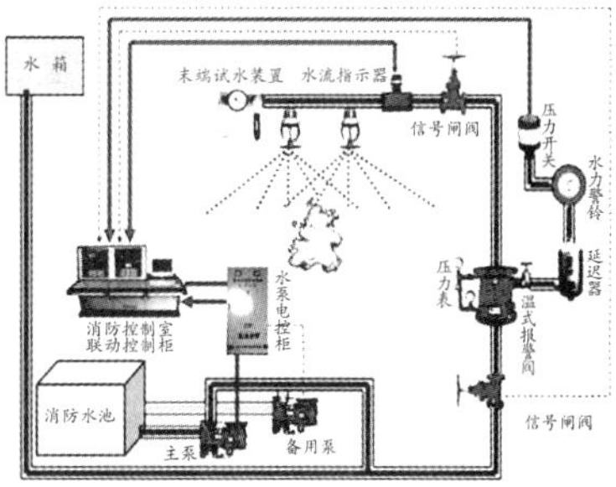
自动喷水干式灭火系统	(1) 它的供水系统、喷头布置等与湿式系统完全相同，所不同的是平时在报警阀（此阀设在采暖房间内）前充满水而在阀后管道内充以压缩空气。当火灾发生时，喷水头开启，先排出管路内的空气，供水才能进入管网，由喷头喷水灭火 (2) 该系统适用于环境温度低于 4℃和高于 70℃并不宜采用湿式喷头灭火系统的地方 (3) 主要缺点是作用时间比湿式系统迟缓一些，灭火效率一般低于湿式灭火系统	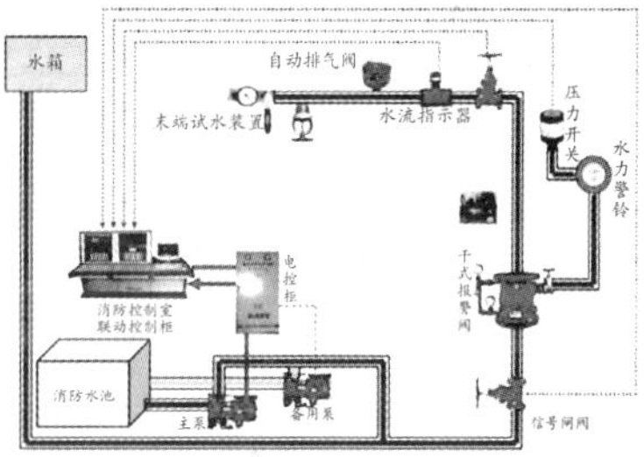
自动喷水干湿两用灭火系统	(1) 冬季时管道内充填压缩空气；温暖季节时充满水 (2) 这种系统在设计和管理上都很复杂，很少采用	—
自动喷水预作用系统	(1) 预作用阀后的管道系统内平时无水，呈干式，充满有压或无压的气体。火灾发生初期，火灾探测器系统动作先于喷头控制自动开启或手动开启预作用阀，使消防水进入阀后管道，系统成为湿式 (2) 组成：由火灾探测系统、闭式喷头、预作用阀、充气设备和充以有压或无压气体的钢管组成 (3) 特点：既克服干式系统延迟的缺陷，又避免湿式系统易渗水的弊病，适用于不允许有水渍损失的建筑物、构筑物	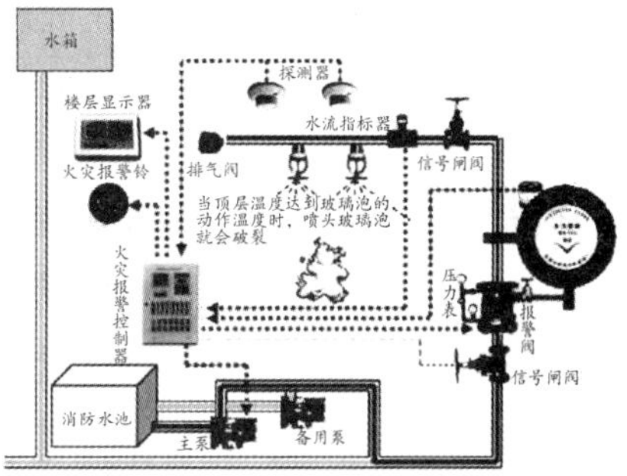
重复启闭预作用灭火系统	具有自动启动、自动关闭的特点，防止因系统自动启动灭火后，无人关闭系统而产生不必要的水渍损失。具有多次自动启动和自动关闭的特点，在火灾复燃后能有效扑救	—

续表

类型	特点	图例
自动喷水雨淋系统	(1) 管网和喷淋头的布置与干式系统基本相同，但喷淋头是开式 (2) 组成：由开式喷头（见图 2-3-2），管道系统，雨淋阀、火灾探测器和辅助设施等组成 (3) 特点：工作时所有喷头同时喷水，雨淋系统一旦动作，系统保护区域内将全面喷水，可有效控制火势发展迅猛、蔓延迅速的火灾	—
水幕系统	(1) 组成：由水幕头支管、自动喷淋头控制阀、手动控制阀、干支管等组成 (2) 特点：不具备直接灭火的能力，一般情况下与防火卷帘或防火幕配合使用，可防止火灾蔓延	—

第二章

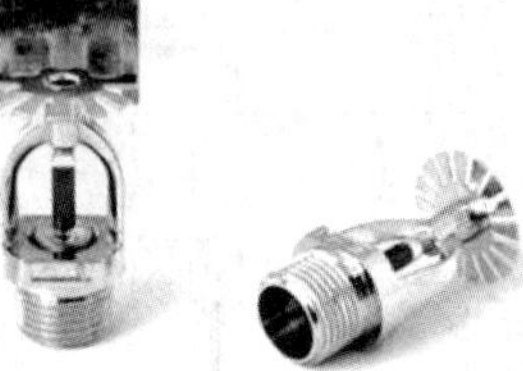

图 2-3-1 闭式喷头

图 2-3-2　开式喷头

➤ **总结**：(1) 闭式喷头：自动喷水湿式灭火系统、自动喷水干式灭火系统、自动喷水预作用系统。

(2) 开式喷头：自动喷水雨淋系统、水幕系统。

· 典型例题 ·

[**例题 1 · 多选**] 喷水灭火系统中，自动喷水预作用系统的特点有（　　）。

A. 具有湿式系统和干式系统的特点

B. 火灾发生时作用时间快、不延迟

C. 系统组成较简单，无须充气设备

D. 适用于不允许有水渍损失的场所

E. 系统使用开式喷头

[**解析**] 自动喷水预作用系统具有湿式系统和干式系统的特点，预作用阀后的管道系统内平时无水，呈干式，充满有压或无压的气体。火灾发生初期，火灾探测器系统动作先于喷头控制自动开启或手动开启预作用阀，使消防水进入阀后管道，系统成为湿式。当火场温度达到喷头的动作温度时，闭式喷头开启，即可出水灭火。该系统由火灾探测系统、闭式喷头、预作用阀、充气设备和充以有压或无压气体的钢管等组成。该系统既克服了干式系统延迟的缺陷，又可避免湿式系统易渗水的弊病，故适用于不允许有水渍损失的建筑物、构筑物。

[**例题 2 · 多选**] 某建筑需设计自动喷水灭火系统，考虑到冬季系统环境温度经常性低，建筑可以采用的系统有（　　）。

A. 自动喷水湿式灭火系统

B. 自动喷水预作用系统

C. 自动喷水雨淋系统

D. 自动喷水干湿两用灭火系统

E. 水幕系统

[**解析**] 自动喷水湿式灭火系统主要缺点是不适应于寒冷地区。自动喷水预作用系统具有湿式系统和干式系统的特点，预作用阀后的管道系统内平时无水，呈干式，充满有压或无压的气体。火灾发生初期，火灾探测器系统动作先于喷头控制自动开启或手动开启预作用阀，使消防水进入阀后管道，系统成为湿式。自动喷水雨淋系统的管网和喷淋头的布置与干式系统基本相同，但喷淋头是开式的。自动喷水干湿两用灭火系统在冬季寒冷的季节里，管道内可充填压缩空气，即为自动喷水干式灭火系统。

答案：1. ABD　2. BCD

3. 水喷雾灭火系统

该系统在组成上与雨淋系统基本相似，所不同的是该系统使用的是一种喷雾喷头（见图 2-3-3）。水喷雾灭火系统具有多种灭火机理，一般用在扑灭可燃液体火灾或电器火灾中。

图 2-3-3　喷雾喷头

4. 气体灭火系统

(1) 气体灭火系统是以气体作为灭火介质的灭火系统。我国目前常用的气体火火系统主要有二氧化碳灭火系统、七氟丙烷灭火系统、IG541 混合气体灭火系统和热气溶胶预制灭火系统。

(2) 气体灭火系统比传统的水喷淋灭火系统和消火栓灭火系统有一个显著的优点就是灭火后不留任何痕迹，无二次污染，但由于气体灭火系统大都采用高压贮存、高压输送，相比水喷淋系统危险系数要大。

5. 泡沫灭火系统

(1) 泡沫灭火系统采用泡沫液作为灭火剂，主要用于扑救非水溶性可燃液体和一般固体火灾，如商品油库、煤矿、大型飞机库等。泡沫灭火系统具有安全可靠、灭火效率高的特点。对于水溶性可燃液体火灾，应采用抗溶性泡沫灭火剂灭火。

(2) 按泡沫发泡倍数分类，有低、中、高倍数泡沫灭火系统；按泡沫灭火剂的使用特点分类，有 A 类泡沫灭火剂、B 类泡沫灭火剂、非水溶性泡沫灭火剂、抗溶性泡沫灭火剂等；按设备安装使用方式分类，有固定式、半固定式和移动式泡沫灭火系统；按泡沫喷射位置分类，有液上喷射和液下喷射泡沫灭火系统。

（四）灭火系统设备安装

1. 室内消火栓系统安装

（1）消防水箱。

1）高层建筑采用高压给水系统时，可不设高位消防水箱。

2）采用临时高压给水系统时，应设高位消防水箱，水箱的设置高度应保证最不利点消火栓静水压力。

3）当建筑高度≤100m 时，最不利点消火栓静水压力不应小于 0.07MPa。

4）当建筑高度>100m 时，不应低于 0.15MPa。不能满足要求时，应设增压设施。

5）水箱应储存 10min 的消防用水量。

（2）水泵及配管见图 2-3-4。

图 2-3-4　水泵及配管

1）消防水泵机组由水泵、驱动器和专用控制柜等组成。

2）一组消防水泵可由同一消防给水系统的工作泵和备用泵组成。

3）同一泵组的消防水泵型号宜一致，且工作泵不宜超过 3 台。

（3）管道的连接方式见表 2-3-4。

表 2-3-4　管道的连接方式

管道类型		连接方式
室内消火栓给水管道管径≤100mm	热镀锌钢管、热镀锌无缝钢管	螺纹连接、卡箍（沟槽式）管接头、法兰连接
室内消火栓给水管道管径>100mm	焊接钢管、无缝钢管	焊接、法兰连接
消火栓系统的无缝钢管采用法兰连接，在保证镀锌加工尺寸要求的前提下		其管配件及短管连接采用焊接连接

2. 喷水灭火系统安装

喷水灭火系统管道安装要求见表 2-3-5。

表 2-3-5　喷水灭火系统管道安装要求

类型	安装要求
管道变径	（1）管道变径时，宜采用异径接头 （2）在管道弯头处不得采用补芯，当需要采用补芯时，三通上可用 1 个，四通上≤2 个 （3）公称直径>50mm 的管道上不宜采用活接头

续表

类型	安装要求
管道穿过建筑物要求	(1) 管道穿过建筑物的变形缝时设置柔性短管 (2) 穿过墙体或楼板时加设套管，套管长度≥墙体厚度或应高出楼面或地面 50mm，套管与管道的间隙用不燃材料填塞密实 (3) 管道横向安装宜设 2‰～5‰的坡度，坡向排水管 (4) 当喷头数量≤5 只时，管道低凹处加设堵头；当喷头数量>5 只时，宜装设带阀门的排水管
报警阀组安装	(1) 在供水管网试压、冲洗合格后进行 (2) 安装时应先安装水源控制阀、报警阀，然后进行报警阀辅助管道的连接 (3) 水源控制阀、报警阀与配水干管的连接应与水流方向一致 (4) 报警阀应逐个进行渗漏试验，试验压力为额定工作压力的 2 倍，试验时间为 5min，阀瓣处应无渗漏

·典型例题·

[**例题 1·单选**] 在室内消火栓系统中，无缝钢管采用法兰连接，在保证镀锌加工尺寸要求的前提下，其管道配件及短管连接应采用（　　）。

A. 法兰连接　　B. 螺纹连接

C. 焊接连接　　D. 卡箍管接头

[**解析**] 本题考查水灭火系统室内消火栓系统安装要求。消火栓系统的无缝钢管采用法兰连接，在保证镀锌加工尺寸要求的前提下，其管配件及短管连接采用焊接连接。

[**例题 2·单选**] 自动喷水灭火系统 *DN*70 管道上的管件设置应遵循的原则是（　　）。

A. 变径处可采用摔制大小头

B. 弯头处可采用补芯

C. 与阀门连接处可采用活接头

D. 三通上可采用 1 个补芯

[**解析**] 管道变径时，宜采用异径接头；在管道弯头处不得采用补芯；当需要采用补芯时，三通上可用 1 个，四通上不应超过 2 个；公称通径大于 50mm 的管道上不宜采用活接头。

[**例题 3·单选**] 下列有关消防水泵接合器设置的说法，正确的是（　　）。

A. 高层民用建筑室内消火栓给水系统不应设水泵接合器

B. 消防给水竖向分区供水时，在消防车供水压力范围内的分区，应分别设置水泵接合器

C. 超过 2 层或建筑面积大于 1 000m² 的地下建筑应设水泵接合器

D. 高层工业建筑和超过三层的多层工业建筑应设水泵接合器

[**解析**] 消防给水为竖向分区供水时，在消防车供水压力范围内的分区，应分别设置水泵接合器；下列场所的室内消火栓给水系统应设置消防水泵接合器：①高层民用建筑；②设有消防给水的住宅、超过五层的其他多层民用建筑；③超过二层或建筑面积大于 10 000m² 的地下或半地下建筑、室内消火栓设计流量大于 10L/s 平战结合的人防工程；④高层工业建筑和超过四层的多层工业建筑；⑤城市交通隧道。

答案：1. C　2. D　3. B

第四节　工业管道工程

一、工业管道的分类

工业管道输送介质的压力范围很广，以设计压力为主要参数进行分类，可分为真空管道、低压管道、中压管道、高压管道和超高压管道，见表 2-4-1。

表 2-4-1　工业管道按设计压力分类

类型	设计压力 P/MPa	类型	设计压力 P/MPa
真空管道	$P<0$	高压管道	$10<P\leqslant 100$
低压管道	$0\leqslant P\leqslant 1.6$	超高压管道	$P>100$
中压管道	$1.6<P\leqslant 10$		

二、工业管道工程的施工程序

施工准备→配合土建预留、预埋、测量→管道、支架预制→附件、法兰加工、检验→管段预制→管道安装→管道系统检验→管道系统试验→防腐绝热→系统清洗→资料汇总、绘制竣工图→竣工验收。

三、管道工程的施工技术

（一）热力管道

1. 热力管道布置形式

热力管道的布置形式及特点见表 2-4-2。

表 2-4-2　热力管道的布置形式及特点

布置形式	特点
枝状管网（主干线）	（1）优点：比较简单，造价低，运行管理方便，其管径随着与热源距离的增加而减小 （2）缺点：没有供热的后备性能，即当管网某处发生故障时，将影响部分用户的供热
环状管网（主干线）	（1）优点：具有供热的后备性能 （2）缺点：投资和钢材耗量比枝状管网大得多
复线的枝状管网	用于不允许中断供汽的企业

2. 敷设方式

（1）管道架空敷设见图 2-4-1。

图 2-4-1　管道架空敷设

架空敷设的形式及特点见表 2-4-3。

表 2-4-3　架空敷设的形式及特点

敷设形式	特点
架空敷设	(1) 优点：便于施工、操作、检查和维修，是一种比较经济的敷设形式 (2) 缺点：占地面积大，管道热损失较大 (3) 按支架的高度不同分为低支架、中支架和高支架三种敷设形式
低支架敷设	在不妨碍交通，不影响厂区扩建的地段可采用低支架敷设
中支架敷设	在人行频繁，非机动车辆通行的地方采用
高支架敷设	在管道跨越公路或铁路时采用，支架通常采用钢结构或钢筋混凝土结构

➤ **总结**：地上敷设的管道坡度易于保证，所需的放水、排气设备少，可使用方形补偿器，土方量小，维护管理方便，但占地面积大，输排水管道热损失大，不够美观。

(2) 地沟敷设：

1) 地沟敷设分通行地沟、半通行地沟和不通行地沟三种敷设形式。

2) 不通行地沟敷设。管道数量少、管径较小、距离较短，以及维修工作量不大时，宜采用不通行地沟敷设。不通行地沟内管道一般采用单排水平敷设。

3) 地沟内热力管道的分支处装有阀门、仪表、输排水装置、除污器等附件时，应设置检查井或人孔。

(3) 直接埋地敷设：直埋敷设最多采用的方式，是供热管道、保温层和保护外壳三者紧密黏结在一起，形成整体式的预制保温管结构型式。

3. 热力管道安装

热力管道安装要求见表 2-4-4。

表 2-4-4　热力管道安装要求

类型	安装要求
管道安装	(1) 蒸汽支管应从主管上方或侧面接出，热水管应从主管下部或侧面接出 (2) 水平管道变径时应采用偏心异径管连接，当输送介质为蒸汽时，取管底平，以利排水；输送介质为热水时，取管顶平，以利排气 (3) 管道安装完毕后，按设计或规范要求进行试压、冲洗
补偿器安装	(1) 水平安装的方形补偿器应与管道保持同一坡度，垂直臂应呈水平 (2) 垂直安装时，应有排水、疏水装置

·典型例题·

［**例题 1·单选**］从技术和经济角度考虑，在人行频繁、非机动车辆通行的地方敷设热力管道，宜采用的敷设方式为（　　）。

A. 地面敷设

B. 低支架敷设

C. 中支架敷设

D. 高支架敷设

［**解析**］在不妨碍交通，不影响厂区扩建的地段可采用低支架敷设。在人行频繁，非机动车辆通行的地方采用中支架敷设。在管道跨越公路、铁路时采用高支架敷设。

［例题 2 · 多选］对于不允许中断供汽的热力管道敷设形式可采用（　　）。

A. 枝状管网

B. 复线枝状管网

C. 放射状管网

D. 环状管网

E. 混合管网

［解析］环状管网（主干线呈环状）的主要优点是具有供热的后备性能，但它的投资和钢材耗量比枝状管网大得多。对于不允许中断供汽的企业，也可采用复线的枝状管网，即用两根蒸汽管道作为主干线，每根供汽量按最大用汽量的 50%～75%来设计。

答案：1. C　2. BD

（二）压缩空气管道

1. 压缩空气站的组成设备

压缩空气站的组成设备及特点见表 2-4-5。

表 2-4-5　压缩空气站的组成设备及特点

组成设备	特点
空气压缩机	(1) 应用最广泛的是活塞式空气压缩机 (2) 在大型压缩空气站中，较多采用离心式或轴流式空气压缩机
空气过滤器	空气在进入压缩机之前，应经过空气过滤器以滤除其中所含灰尘、粉尘和其他杂质
后冷却器	空气经压缩机压缩后，其排气温度可达 140～170℃，安装于压缩机后的后冷却器可降低压缩空气的温度，利于压缩空气中所含的机油和水分分离并被排除
贮气罐	活塞式压缩机都配备有贮气罐，目的是减弱压缩机排气的周期性脉动，稳定管网压力，同时可进一步分离空气中的油和水分
油水分离器	油水分离器的作用是分离压缩空气中的油和水分，使压缩空气得到初步净化
空气干燥器	目前常用的压缩空气干燥方法有吸附法和冷冻法

2. 压缩空气管道的安装

（1）压缩空气管道一般选用低压流体输送用焊接钢管、低压流体输送用镀锌钢管及无缝钢管，或根据设计要求选用。

（2）公称通径小于 50mm，可采用螺纹连接，以白漆麻丝或聚四氟乙烯生料带作填料；公称通径大于 50mm，宜采用焊接方式连接。

（3）管道应按气流方向设置不小于 2‰的坡度，干管的终点应设置集水器。

（4）压缩空气管道安装完毕后，应进行强度和严密性试验，试验介质一般为水。

（5）强度及严密性试验合格后进行气密性试验，试验介质为压缩空气或无油压缩空气。

· 典型例题 ·

［例题 1 · 单选］在一般的压缩空气站中，最广泛采用的空气压缩机形式为（　　）。

A. 活塞式　　B. 回转式

C. 离心式　　D. 轴流式

［解析］在一般的压缩空气站中，最广泛采用的是活塞式空气压缩机。在大型压缩空气站

中，较多采用离心式或轴流式空气压缩机。

［**例题 2 · 多选**］压缩空气站设备组成中，除空气压缩机、贮气罐外，还有（　　）。

A. 空气过滤器

B. 空气预热器

C. 后冷却器

D. 油水分离器

E. 空气冷凝器

［**解析**］压缩空气站设备包括空气压缩机、空气过滤器、后冷却器、贮气罐、油水分离器、空气干燥器。

答案：1. A　2. ACD

（三）合金钢及不锈钢管道

1. 合金钢管道安装

（1）合金钢管道的焊接，底层应采用手工氩弧焊，以确保焊口管道内壁焊肉饱满、光滑、平整，其上各层可用手工电弧焊接成型。

（2）合金管道宜采用机械方法切断，切口及坡口表面应平整。

2. 不锈钢管道安装

（1）不锈钢管坡口宜采用机械、等离子切割机、砂轮机等制作，用等离子切割机加工坡口必须打磨掉表面的热影响层，并保持坡口平整。

（2）不锈钢管焊接一般可采用手工电弧焊及氩弧焊。为确保内壁焊接成型平整光滑，薄壁管可采用钨极惰性气体保护焊，壁厚大于 3mm 时，应采用氩电联焊。

（3）奥氏体不锈钢焊缝要求进行酸洗、钝化处理时，酸洗后的不锈钢表面不得有残留酸洗液和颜色不均匀的斑痕。钝化后应用水冲洗，呈中性后应擦干水迹。

（4）法兰连接可采用焊接法兰、焊环活套法兰、翻边活套法兰。

（四）有色金属管道

有色金属管道类型及安装要求见表 2-4-6。

表 2-4-6　有色金属管道类型及安装要求

类型	安装要求
钛及钛合金管道	（1）采用机械方法切割，切割速度应以低速为宜，以免因高速切割产生的高温使管材表面产生硬化 （2）采用惰性气体保护焊或真空焊焊接，不能采用氧-乙炔焊或二氧化碳气体保护焊，也不得采用普通手工电弧焊 （3）钛及钛合金管不宜与其他金属管道直接焊接连接，当需要进行连接时，可采用活套法兰连接
铝及铝合金管道	（1）铝及铝合金管连接一般采用焊接和法兰连接 （2）管道支架间距应比钢管密一些，管子与支架之间须垫毛毡、橡胶板、软塑料等进行隔离 （3）管道保温时，不得使用石棉绳、石棉板、玻璃棉等带有碱性的材料，应选用中性的保温材料

续表

类型	安装要求
铜及铜合金管道	(1) 铜及铜合金管的切断可采用手工钢锯、砂轮切管机；因管壁较薄且铜管质地较软，制坡口宜采用手工锉；厚壁管可采用机械方法加工；不得用氧-乙炔火焰切割坡口 (2) 铜及铜合金管因热弯时管内填充物不易清理，应采用冷弯。管径＞100mm者采用压制弯头或焊接弯头，弯管的直边长度≥管径，且≥30mm (3) 铜及铜合金管的连接方式有螺纹连接、焊接（承插焊和对口焊）、法兰连接（焊接法兰、翻边活套法兰和焊环活套法兰）

· 典型例题 ·

[**例题 1 · 单选**] 铜及铜合金管切割，宜采用的切割方式为（　　）。

A. 氧-乙炔火焰切割

B. 氧-丙烷火焰切割

C. 氧-氢火焰切割

D. 砂轮切管机切割

[**解析**] 铜及铜合金管的切断可采用手工钢锯、砂轮切管机；因管壁较薄且铜管质地较软，制坡口宜采用手工锉；厚壁管可采用机械方法加工；不得用氧-乙炔焰切割坡口。

[**例题 2 · 多选**] 钛及钛合金管切割时，宜采用的切割方法有（　　）。

A. 弓锯床切割

B. 砂轮切割

C. 氧-乙炔火焰切割

D. 氧-丙烷火焰切割

E. 激光切割

[**解析**] 钛及钛合金管的切割应采用机械方法，切割速度应以低速为宜，以免因高速切割产生的高温使管材表面产生硬化；钛管用砂轮切割或修磨时，应使用专用砂轮片，不得使用火焰切割。

[**例题 3 · 多选**] 铝及铝合金管道保温时，应选用的保温材料有（　　）。

A. 石棉绳

B. 玻璃棉

C. 牛毛毡

D. 聚苯乙烯泡沫料

E. 石棉板

[**解析**] 本题考查不锈钢管道的安装要求。铝及铝合金管道保温时，不得使用石棉绳、石棉板、玻璃棉等带有碱性的材料，应选用中性的保温材料。牛毛毡和聚苯乙烯泡沫料为中性材料。

答案：1. D　2. AB　3. CD

（五）塑料管道安装

塑料管道安装应注意以下几点：

（1）管子切断采用机械方法。

（2）塑料管的连接方法：粘接、焊接、电熔合连接、法兰连接和螺纹连接。

（3）塑料管粘接：①必须采用承插口形式；②聚氯乙烯管道采用过氯乙烯清漆或聚氯乙烯胶作为黏接剂；③粘接法主要用于硬 PVC 管、ABS 管的连接，被广泛应用于排水系统。

（4）塑料管焊接：①塑料管管径小于 200mm 时一般应采用承插口焊接；②承受压力较高

第二章

的管道，可先用粘接，外口再用焊条焊接补强，焊接一般采用热风焊。

（5）电熔合连接应用于 PP－R 管、PB 管、PE－RT 管、金属复合管等新型管材与管件连接，是目前家装给水系统应用最广的连接方式。

同步强化训练

一、单项选择题（每题的备选项中，只有 1 个最符合题意）

1. 一般设在热力管网的回水干管上，其扬程不应小于设计流量条件下热源、热网、最不利用户环路压力损失之和。此水泵为（　　）。

A. 补水泵　　B. 混水泵

C. 凝结水泵　　D. 循环水泵

2. 对热水采暖系统进行水压试验时，应隔断的部分除锅炉外，还包括（　　）。

A. 膨胀水箱　　B. 排气装置

C. 除污器　　D. 平衡阀

3. 利用声波通道截面的突变，使沿管道传递的某些特定频段的声波反射回声源，从而达到消声的目的的消声器是（　　）。

A. 阻性消声器　　B. 抗性消声器

C. 扩散消声器　　D. 缓冲式消声器

4. 喷水灭火系统中，不具备直接灭火能力的灭火系统为（　　）。

A. 水喷雾系统　　B. 水幕系统

C. 自动喷水干式系统　　D. 自动喷水预作用系统

5. 下列关于喷水灭火系统的报警阀组安装，说法正确的是（　　）。

A. 先安装辅助管道，后进行报警阀组的安装

B. 报警阀组与配水干管的连接应使水流方向一致

C. 当设计无要求时，报警阀组安装高度宜为距室内地面 0.5m

D. 报警阀组安装完毕，应进行系统试压冲洗

6. 能够减弱压缩机排气的周期性脉动，稳定管网压力，同时可进一步分离空气中的油和水分，此压缩空气站设备是（　　）。

A. 后冷却器　　B. 减荷阀

C. 贮气罐　　D. 油水分离器

二、多项选择题（每题的备选项中，有 2 个或 2 个以上符合题意，至少有 1 个错项）

1. 风阀是空气输配管网的控制、调节机构，只具有控制功能的风阀有（　　）。

A. 插板阀　　B. 止回阀

C. 防火阀　　D. 排烟阀

E. 蝶式调节阀

2. 空调系统中，喷水室除了具有消耗金属少、容易加工的优点外，还具有的优点有（　　）。

A. 空气加湿和减湿功能

B. 对空气能进行加热和冷却

第二章

C. 空气净化功能

D. 占地面积较小，消耗小

E. 水泵耗能少

3. 下列自动喷水灭火系统中，采用闭式喷头的有（　　）。

A. 自动喷水湿式灭火系统

B. 自动喷水干湿两用灭火系统

C. 自动喷水雨淋灭火系统

D. 自动喷水预作用灭火系统

E. 水幕系统

参考答案及解析

一、单项选择题

1. [答案] D

[解析] 循环水泵提供的扬程应等于水从热源经管路送到末端设备再回到热源一个闭合环路的阻力损失，即扬程不应小于设计流量条件下热源、热网、最不利用户环路压力损失之和。一般将循环水泵设在回水干管上，这样回水温度低，泵的工作条件好，有利于延长其使用寿命。

2. [答案] A

[解析] 对热水采暖系统进行水压试验，应在隔断锅炉和膨胀水箱的条件下进行。

3. [答案] B

[解析] 抗性消声器利用声波通道截面的突变（扩张或膨胀），使沿管道传递的某些特定频段的声波反射回声源，从而达到消声的目的。

4. [答案] B

[解析] 水幕系统不具备直接灭火的能力，一般情况下与防火卷帘或防火幕配合使用，起到防止火灾蔓延的作用。

5. [答案] B

[解析] 报警阀组安装应在供水管网试压、冲洗合格后进行。安装时应先安装水源控制阀、报警阀，然后进行报警阀辅助管道的连接，水源控制阀、报警阀与配水干管的连接应使水流方向一致。报警阀组安装的位置应符合设计要求；当设计无要求时，报警阀组应安装在便于操作的明显位置，距室内地面高度宜为1.2m，两侧与墙的距离不应小于0.5m，正面与墙的距离不应小于1.2m；报警阀组凸出部位之间的距离不应小于0.5m。安装报警阀组的室内地面应有排水设施。

6. [答案] C

[解析] 活塞式压缩机都配备有贮气罐，目的是减弱压缩机排气的周期性脉动，稳定管网压力，同时可进一步分离空气中的油和水分。

二、多项选择题

1. [答案] BCD

[解析] 同时具有控制、调节两种功能的风阀：蝶式调节阀、菱形单叶调节阀和插板阀主要用于小断面风管；平行式多叶调节阀、对开式多叶调节阀和菱形多叶调节阀主要用于大断面风管；复式多叶调节阀和三通调节阀用于管网分流或合流或旁通处的各支路风量调节。只具有控制功能的风阀有止回阀、防火阀、排烟阀等。

2. [答案] ABC

[解析] 在空调系统中应用喷水室的主要优点在于能够实现对空气加湿、减湿、加热、冷却多种处理过程，并具有一定的空气净化能力，喷水室消耗金属少，容易加工，但它有水质要求高、占地面积大、水泵耗能多的缺点，故在民用建筑中不再采用，但在以调节湿度为主要目的的空调中仍大量使用。

3. ［答案］ABD

［解析］采用闭式喷头的系统包括自动喷水湿式灭火系统、自动喷水干式灭火系统、自动喷水干湿两用式灭火系统、自动喷水预作用灭火系统、重复启闭预作用灭火系统。采用开式喷头的系统包括自动喷水雨淋系统、水幕系统。

第三章
安装工程计量

第三章共4节，包括安装工程识图基本原理与方法、常用的安装工程工程量计算规则及应用、安装工程工程量清单的编制和计算机辅助工程量计算四部分内容。其中识图、计量规则以及工程量清单为本章考试的重点内容，要求考生能够读懂安装示例图，并能够根据计量规则以及清单的具体要求准确应用。

知识脉络

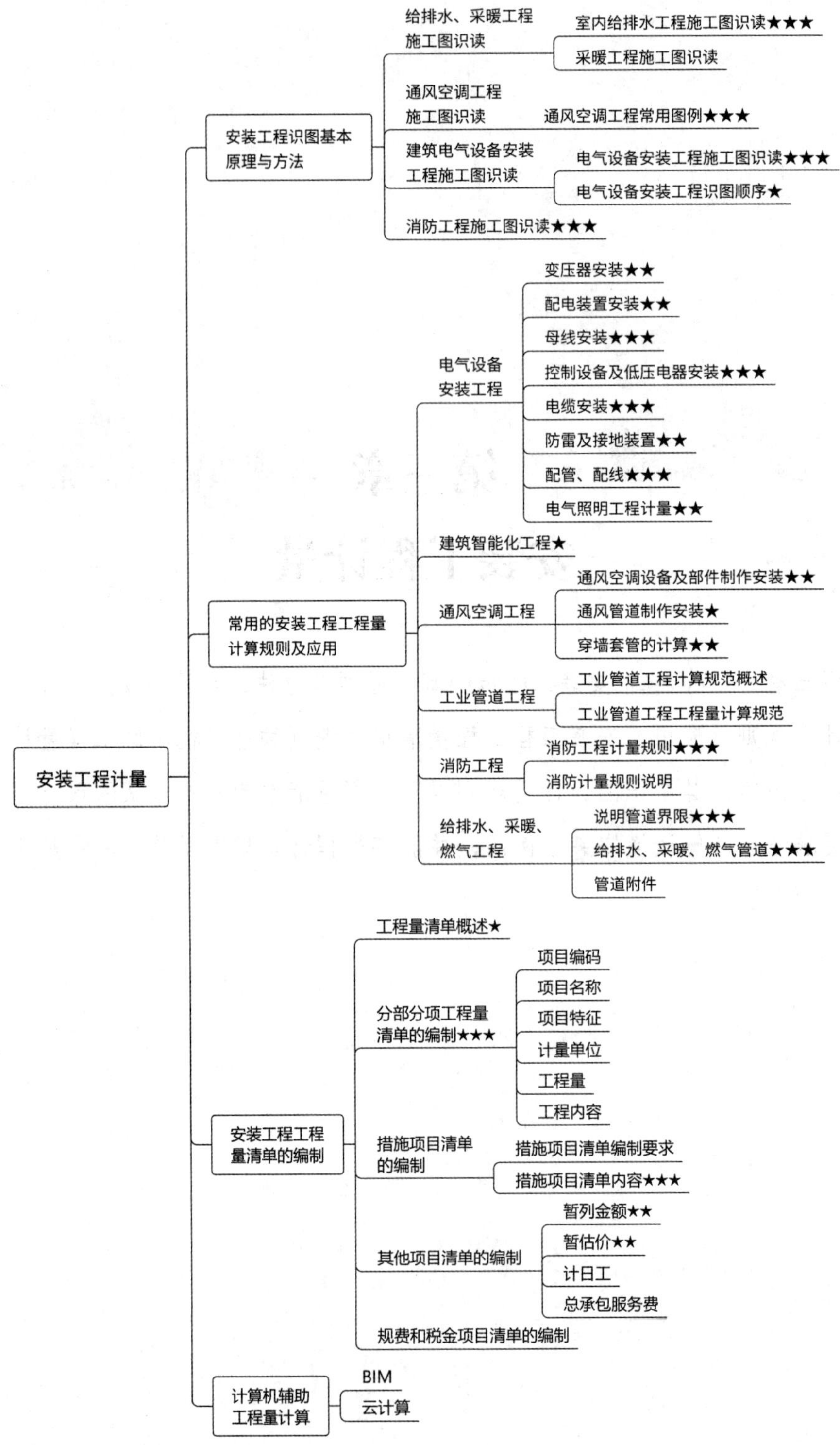

安装工程计量
安装工程识图基本原理与方法
给排水、采暖工程施工图识读
室内给排水工程施工图识读★★★
采暖工程施工图识读
通风空调工程施工图识读
通风空调工程常用图例★★★
建筑电气设备安装工程施工图识读
电气设备安装工程施工图识读★★★
电气设备安装工程识图顺序★
消防工程施工图识读★★★
常用的安装工程工程量计算规则及应用
电气设备安装工程
变压器安装★★
配电装置安装★★
母线安装★★★
控制设备及低压电器安装★★★
电缆安装★★★
防雷及接地装置★★
配管、配线★★★
电气照明工程计量★★
建筑智能化工程★
通风空调工程
通风空调设备及部件制作安装★★
通风管道制作安装★
穿墙套管的计算★★
工业管道工程
工业管道工程计算规范概述
工业管道工程工程量计算规范
消防工程
消防工程计量规则★★★
消防计量规则说明
给排水、采暖、燃气工程
说明管道界限★★★
给排水、采暖、燃气管道★★★
管道附件
安装工程工程量清单的编制
工程量清单概述★
分部分项工程量清单的编制★★★
项目编码
项目名称
项目特征
计量单位
工程量
工程内容
措施项目清单的编制
措施项目清单编制要求
措施项目清单内容★★★
其他项目清单的编制
暂列金额★★
暂估价★★
计日工
总承包服务费
规费和税金项目清单的编制
计算机辅助工程量计算
BIM
云计算

第一节　安装工程识图基本原理与方法

一、给排水、采暖工程施工图识读

（一）室内给排水工程施工图识读

1. 室内给排水施工图常用的图例

室内给排水施工图常用的图例见表 3-1-1。

表 3-1-1　室内给排水施工图常用的图例

名称	图例	名称	图例
给水管		室内消火栓（单口）	平面　系统
排水管		室内消火栓（双口）	平面　系统
多孔管		水泵接合器	
管道立管	XL-1 平面　XL-1 系统	闭式自动喷洒头（下喷式）	平面　系统
存水弯		闭式自动喷洒头（上喷式）	平面　系统
检查口		干式报警阀	平面　系统
清扫口	平面　系统	湿式报警阀	平面　系统
通气帽	成品　铅丝球	水流指示器	L
雨水斗	YD- 平面　YD- 系统	遥控信号阀	
排水漏斗	平面　系统	水力警铃	
圆形地漏		室外消火栓	
方形地漏		立式洗脸盆	
自动冲洗水箱		台式洗脸盆	
自动排气阀	平面　系统	挂式洗脸盆	
浮球阀	平面　系统	浴盆	
放水龙头		化验盆、洗涤盆	

续表

名称	图例	名称	图例
带沥水板洗涤盆		壁挂式小便器	
盥洗槽		蹲式大便器	
污水池		坐式大便器	
妇女卫生盆		小便槽	
立式小便器		淋浴喷头	

2. 给排水识图注意事项

（1）施工及设计说明主要包括工程概况、所用材料品种及要求、工程做法、卫生器具种类和型号等内容。

（2）施工平面图表明了各种用水设备平面位置、管道的平面布置和立管位置与编号，在底层平面图中还应包括给水引入管和排水排出管的位置、水表节点等内容。室内给排水平面图是施工图的主要部分，常用比例为 1∶50～1∶100，图上的线条都是示意性的，同时管子接头零件、支吊架的位置等无法画出，施工时，应充分熟悉和掌握施工工艺，并严格按照国家有关的施工质量和验收标准执行。

平面图上将不同功能作用的管道、附件、卫生洁具、用水设备等使用各种图例表示出来，其主要内容为：

1）轴线及编号，门、窗位置，房间尺寸及地面标高。

2）给排水主管位置及编号，横支管平面位置、走向、坡度、管径及管长等。

3）给水进户管、水表井、排水排出管、积沙井的平面位置及走向，与室外给排水管网的连接关系。

4）卫生洁具及用水设备的定位尺寸及朝向。

（3）系统图也称透视图，它是管道系统的轴测投影图。管道系统图上应表明它的位置及相互关系、管径、坡度及坡向、标高等。给水系统上应注明水表、阀门、消火栓、水嘴等。排水系统上注明地漏、清扫口、检查口、存水弯、排气帽等附件位置。主管、进出户管的编号应与平面图相对应。

在平面或系统图上表示不清、也不能用文字说明时，可将局部部位构造放大比例绘成施工详图，如阀门井、设备基础、集水坑、水泵房等安装图，而大多数设备和卫生洁具的安装可套用通用标准图集，选用标准图集时注明图号即可。

（4）通过以上图纸和说明还无法表达清楚的管道节点构造、卫生器具和设备的安装图等需要用大样图或详图及标准图来表示。

3. 给排水施工图的表示

给排水施工图的表示及说明见表 3-1-2。

表 3-1-2　给排水施工图的表示及说明

施工图表示类型	说明
管道在平面图上	各种水管道、卫管道、暖管道的平面图，一般要把该楼层地面以上和楼板以下的所有管道都表示在该层建筑平面图上，对于底层还要把地沟内的管道标示出来。按具体情况用下图所示的方法表示
管道在系统图上	室内管道系统图主要是反映管道在室内空间的走向和标高位置
管道标高/m	管道的标高符号一般标注在管道的起点或终点，标高的数字对于给水管道、采暖管道是指管道中心处的位置相对于±0.000 的高度；对于排水管道通常是指管子内底的相对标高
管道坡度	管道的坡度符号可标注在管子的上方或下方，其箭头所指的一端是管子较低一端，一般表示为 i=×××，如 i=0.005 表明管道的坡度为千分之五
管道直径	管道直径一般用公称直径标注，一段管子的直径一般标注在该段管子的两端，而中间不再标注，确定管道直径时注意变径位置，下图所示变径位置是管件三通处 *DN*70　*DN*50　*DN*50　*DN*40

4. **给排水施工图的识读**

识读给排水施工图时，应首先查看设计及施工说明，明确设计要求，然后将给水和排水分开识读，把平面图和系统图对照起来看，最后识读详图和标准图。

（二）采暖工程施工图识读

1. 采暖工程常用图例

采暖工程常用图例见表 3-1-3。

表 3-1-3　采暖工程常用图例

名称	图例	名称	图例
供水（蒸汽）管道		集气罐	
回（凝结）水管道		过滤器	
散热器	平面 立面	除污器	平面 立面
暖风机		球阀	

续表

名称	图例	名称	图例
散热器放风门		疏水器	
手动排气阀		减压阀	
自动排气阀		安全阀	
放水阀		调压板	
散热器三通阀		立管编号	3

2. 室内采暖系统施工图的组成

室内采暖系统施工图由施工说明、施工平面图、采暖系统图和采暖施工详图及大样图组成。详参给排水施工图说明。

二、通风空调工程施工图识读

在通风空调施工图中，常用一些图例和符号来代表一定的内容，以简化图纸，因此，在识读通风空调设计图时，必须了解这些图例、符号的内容，才能正确地识图、编制工程造价文件。以下选择一些常用图例供大家学习，见表3-1-4。

表3-1-4　通风空调工程常用图例

名称	图例	名称	图例
风机		风机盘管	F.C.
送风口		回风口	
风管		蝶阀	
异径风管		方形散流器	
矩形风管	×××××××　××××××	圆形散流器	
方接圆		手动对开式多叶调节阀	
圆形风管	φ×××　φ×××	电动对开式多叶调节阀	M　M
柔性风道		空气过滤器	
风管上升摇手弯及气流方向		防火（调节）阀	F　F

第三章

续表

名称	图例	名称	图例
风管下降摇手弯及气流方向		阻抗消声器	
带导流片弯头		排烟阀	
消声弯头		伞形风帽	
混凝土或砖砌风道		止回阀	
余压阀		锥形风帽	

三、建筑电气设备安装工程施工图识读

（一）电气设备安装工程施工图识读

电气设备安装工程施工图常用图例见表 3-1-5。

表 3-1-5 电气设备安装工程施工图常用图例

序号	名称	图例	序号	名称	图例
1	普通配电柜		12	热水器	
2	发电站		13	荧光灯	
3	照明配电箱		14	普通照明灯	
4	变压器		15	吸顶灯	
5	电阻器		16	电铃	
6	五孔插座		17	电线	
7	单极开关		18	接地	
8	双极开关		19	接地线	
9	三极开关		20	避雷带	
10	四极开关		21	预留备用接地线	
11	向上引线 向下引线		22	由上引线 由下引线	

线路敷设方式和部位文字符号分别见表 3-1-6、表 3-1-7。

表 3-1-6 线路敷设方式文字符号

敷设方式	新符号	敷设方式	新符号
穿焊接钢管敷设	SC	电缆桥架敷设	CT
穿电线管敷设	MT	金属线槽敷设	MR
穿硬塑料管敷设	PC	塑料线槽敷设	PR
穿阻燃半硬聚氯乙烯管敷设	FPC	直埋敷设	DB

续表

敷设方式	新符号	敷设方式	新符号
穿聚氯乙烯塑料波纹管敷设	KPC	电缆沟敷设	TC
穿金属软管敷设	CP	混凝土排管敷设	CE
穿扣压式薄壁钢管敷设	KBG	钢索敷设	M

表 3-1-7　线路敷设部位文字符号

敷设部位	符号	敷设部位	符号
沿或跨梁（屋架）敷设	AB	暗敷设在墙内	WC
暗敷设在梁内	BC	沿顶棚或顶板面敷设	CE
沿或跨柱敷设	AC	暗敷设在屋面或顶板内	CC
暗敷设在柱内	CLC	吊顶内敷设	SCE
沿墙面敷设	WS	地板或地面下敷设	F

（二）电气设备安装工程识图顺序

电气设备安装工程识图顺序及注意事项见表 3-1-8。

表 3-1-8　电气设备安装工程识图顺序及注意事项

顺序	识图名称	注意事项
1	标题栏及图纸目录	了解工程名称、项目内容、设计日期及图纸数量和内容等
2	总说明	了解工程总体概况、设计依据及图纸中未能表达清楚的各有关事项。如供电电源的来源、电压等级，线路敷设方法，设备安装高度及安装方式，非国标图形符号，施工注意事项
3	系统图	了解系统的基本组成，主要电气设备、元件等连接关系及它们的规格、型号，参数等，掌握该系统的组成概况。如变配电工程的配电系统图、电力工程的电力系统图、照明工程的照明系统图以及火灾自动报警系统图等
4	平面图	平面图是工程施工、编制工程预算、施工方案的主要依据，用来表示设备安装具体位置、线路敷设部位、敷设方法及所用导线型号、规格、数量、管径大小等。阅读建筑电气工程平面图的一般顺序是：进线→总配电箱→干线→支干线→分配电箱→用电设备。如变配电所电气设备安装平面图（还应有剖面图）、电力平面图、照明平面图等
5	电路图	了解系统中用电设备的电气自动控制原理，用来指导设备的电气装置安装和控制系统的调试工作，因电路图多是采用功能布局法绘制的，看图时应依据功能关系从上至下或从左至右一个回路一个回路地阅读，熟悉电路中各电器的性能和特点，对读懂图纸有极大的帮助
6	安装接线图	了解设备或电器的布置与接线，与电路图对应阅读，进行控制系统的配线和调校工作
7	安装大样图	详细表示设备安装方法的图纸，是依据施工平面图进行安装施工和编制工程材料计划时的重要参考图纸。安装大样图多采用全国通用电气装置标准图集，其选用的依据是设计说明或施工平面图内容
8	设备材料表	根据设备材料表提供的规格、型号，查阅设备手册，从而了解该设备的性能特点及安装尺寸，配合施工做好预留、预埋工作，是编制购置设备、材料计划的重要依据之一

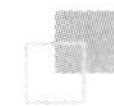

四、消防工程施工图识读

识别图例是看图的重要部分，只有识别了图例，才可以看懂图中的不同标识所表示的含义，因此读懂图例非常重要。下面简要说明一下消防水和消防电常用的图例，见表3-1-9。

表 3-1-9　消防水和消防电常用图例

序号	名称	图例	序号	名称	图例
1	室内消火栓		11	干式报警阀	
2	水泵接合器		12	湿式报警阀	
3	喷洒头		13	预报警阀	
4	室外消火栓		14	排烟阀	
5	手动报警按钮		15	正压送风口	
6	感温探测器		16	感烟探测器	
7	开式喷头		17	闭式喷头	
8	警铃		18	潜水泵	
9	消火栓按钮 (含输入模块)		19	报警（联动） 二总线	BJ 2
10	电源二总线	BD 2	20	报警（联动）+ 电源四根线	BJD 4

第二节　常用的安装工程工程量计算规则及应用

一、电气设备安装工程

电气设备安装工程清单项目划分为：变压器安装，配电装置安装，母线安装，控制设备及低压电器安装，蓄电池安装，电机检查接线及调试，滑触线装置安装，电缆安装，防雷及接地装置，10kV 以下架空配电线路，配管、配线，照明器具安装，附属工程，电气调整试验共十四部分，适用于 10kV 以下变配电设备及线路的安装工程。

（一）变压器安装（编码：030401）

变压器和消弧线圈安装，分型号、容量、电压、油过滤要求等，按设计图示数量以“台”为计量单位。工作内容包括：本体安装，基础型钢制作、安装，油过滤，干燥，接地，网门、保护门制作、安装，补刷（喷）油漆等。变压器油如需试验、化验、色谱分析，应按措施项目相关项目编码列项。

（二）配电装置安装（编码：030402）

配电装置的类别、计量要求及单位见表 3-2-1。

表 3-2-1　配电装置的类别、计量要求及单位

类别	计量要求	单位
断路器、真空接触器、互感器、油浸电抗器、并联补偿电容器组架、交流滤波装置组架、高压成套配电柜、组合型成套箱式变电站	分型号、容量、电压等级、安装条件、操作机构名称及型号、基础型钢规格、接线材质、规格、安装部位、油过滤要求	台
隔离开关、负荷开关、高压熔断器、避雷器、干式电抗器		组
移相及串联电容器、集合式并联电容器		个

➤ **说明**：(1) 空气断路器的储气罐及储气罐至断路器的管路按工业管道工程相关项目列项。

(2) 干式电抗器项目适用于混凝土电抗器、铁芯干式电抗器、空心干式电抗器等。

(3) 设备安装未包括地脚螺栓、浇筑（二次灌浆、抹面），如需安装应按《房屋建筑与装饰工程工程量清单计算规范》(GB 50854—2013) 列项。

(三) 母线安装（编码：030403）

1. 软母线安装预留长度

软母线安装预留长度按表 3-2-2 的规定计算。

表 3-2-2　软母线安装预留长度　（单位：m/根）

项目	耐张	跳线	引下线、设备连接线
预留长度	2.5	0.8	0.6

2. 硬母线配置安装预留长度

硬母线配置安装预留长度按表 3-2-3 的规定计算。

表 3-2-3　硬母线配置安装预留长度　（单位：m/根）

项目	预留长度	说明
带形、槽形母线终端	0.3	从最后一个支持点算起
带形、槽形母线与分支线连接	0.5	分支线预留
带形母线与设备连接	0.5	从设备端子接口算起
多片重形母线与设备连接	1.0	从设备端子接口算起
槽形母线与设备连接	0.5	从设备端子接口算起

(四) 控制设备及低压电器安装（编码：030404）

(1) 控制屏，继电、信号屏，模拟屏，低压开关柜（屏），弱电控制返回屏，硅整流柜，可控硅柜，低压电容器柜，自动调节励磁屏，励磁灭磁屏，蓄电池屏（柜），直流馈电屏，事故照明切换屏，控制台，控制箱，配电箱，插座箱名称、型号、规格、种类，基础型钢形式、规格，接线端子材质、规格，端子板外部接线材质、规格，小母线材质、规格，屏边规格、安装方式等，按设计图示数量以“台”计算。

(2) 箱式配电室，按名称，型号，规格，种类，基础型钢形式、规格，基础规格、浇筑材质，按设计图示数量以“套”计算。

(3) 控制开关、低压熔断器、限位开关，按设计图示数量以“个”计算；控制器、接触器、磁力启动器、Y-△自耦减压启动器、电磁铁（电磁制动器）、快速自动开关、油浸频敏变

阻器、端子箱、风扇按设计图示数量以“台”计算。电阻器按设计图示数量以“箱”计算。

(4) 分流器、小电器、照明开关、插座、其他电器按名称、型号、规格、种类、容量(A)等，按设计图示数量以“个(套、台)”计算。

(5) 盘、箱、柜的外部进出线预留长度见表3-2-4。

表3-2-4 盘、箱、柜的外部进出线预留长度 (单位：m/根)

项目	预留长度	说明
各种箱、柜、盘、板、盒	高+宽	盘面尺寸
单独安装的铁壳开关、自动开关、刀开关、启动器、箱式电阻器、变阻器	0.5	从安装对象中心算起
继电器、控制开关、信号灯、按钮、熔断器等小电器	0.3	从安装对象中心算起
分支接头	0.2	分支线预留

(五) 电缆安装 (编码：030408)

(1) 电力电缆、控制电缆按名称、型号、规格、材质、敷设方式、部位、电压等级、地形，按设计图示尺寸以长度“m”计算(含预留长度及附加长度)。

(2) 电缆保护管、电缆槽盒、铺砂、盖保护板(砖)按名称、型号、规格、材质等，按设计图示尺寸以长度“m”计算。

(3) 电力电缆头、控制电缆头按名称、型号、规格、材质、安装部位、电压等级，按设计图示数量以“个”计算。

(4) 按名称、材质、方式、部位，防火堵洞按设计图示数量以“处”计算；防火隔板按设计图示尺寸以面积“m^2”计算；防火涂料按设计图示尺寸以质量“kg”计算。

(5) 电缆分支箱，按名称、型号、规格，基础形式、材质、规格，按设计图示数量以“台”计算。

(6) 电缆敷设预留长度及附加长度见表3-2-5。

表3-2-5 电缆敷设预留长度及附加长度

序号	项目	预留(附加)长度	说明
1	电缆敷设弛度、波形弯度、交叉	2.5%	按电缆全长计算
2	电缆进入建筑物	2.0m	规范规定最小值
3	电缆进入沟内或吊架时引上(下)预留	1.5m	规范规定最小值
4	变电所进线、出线	1.5m	规范规定最小值
5	电力电缆终端头	1.5m	检修余量最小值
6	电缆中间接头盒	两端各留2.0m	检修余量最小值
7	电缆进控制、保护屏及模拟盘、配电箱等	高+宽	按盘面尺寸
8	高压开关柜及低压配电盘、箱	2.0m	盘下进出线
9	电缆至电动机	0.5m	从电动机接线盒算起
10	厂用变压器	3.0m	从地坪算起
11	电缆绕过梁、柱等增加长度	按实计算	按被绕物的断面情况计算增加长度
12	电梯电缆与电缆架固定点	每处0.5m	规范规定最小值

（六）防雷及接地装置（编码：030409）

防雷及接地装置的主要知识点、内容、计量单位等相关知识见表3-2-6。

表3-2-6　防雷及接地装置相关知识

项目	计量规则	计量单位
接地极	区分名称，材质，规格，土质，基础接地形式，按设计图示数量计算	根（块）
接地母线、避雷引下线、均压环、避雷网	区分名称，规格，材质，安装形式，安装部位，断接卡子，箱材质、规格，混凝土块标号	m （含附加长度）
避雷针	区分名称，规格，材质，安装形式、高度	根
等电位端子箱、测试板	区分名称，规格，材质，按设计图示数量计算	台

➢ **说明**：（1）利用桩基础作接地极，应描述桩台下桩的根数，每桩台下需焊接柱筋根数，其工程量按柱引下线计算；利用基础钢筋作接地极按均压环项目编码列项。

（2）利用柱筋做引下线的，须描述柱筋焊接根数。

（3）利用圈梁筋做均压环的，须描述圈梁筋焊接根数。

（4）接地母线、引下线、避雷网附加长度见表3-2-7。

表3-2-7　接地母线、引下线、避雷网附加长度

项目	附加长度	说明
接地母线、引下线、避雷网附加长度	3.9%	按接地母线、引下线、避雷网全长计算

（七）配管、配线（编码：030411）

电气照明工程计量规则见表3-2-8。

表3-2-8　电气照明工程计量规则

设备类型	项目特征	计量单位
配管、线槽、桥架	名称，材质，规格，配置形式，接地要求，钢索材质、规格	m
配线区	名称，配线形式，型号，规格，材质，配线部位，配线线制，钢索材质、规格	m
接线箱、接线盒	名称，材质，规格，安装形式	个

➢ **说明**：（1）配管、线槽安装不扣除管路中间的接线箱（盒）、灯头盒、开关盒所占长度。

（2）配线工程增设接线盒和拉线盒的情况见表3-2-9。

表3-2-9　配线工程增设接线盒和拉线盒的情况

管线敷设情况	具体要求
管道水平敷设应增设管路接线盒和拉线盒	导管长度每大于40m，无弯曲
	导管长度每大于30m，有1个弯曲
	导管长度每大于20m，有2个弯曲
	导管长度每大于10m，有3个弯曲
垂直敷设的电线保护管应增设固定导线用的拉线盒	管内导线截面为50mm及以下，长度每超过30m
	管内导线截面为70～95mm，长度每超过20m
	管内导线截面为120～240mm，长度每超过18m

（3）配管安装中不包括凿槽、刨沟，应按相关项目编码列项。

（4）配线进入箱、柜、板的预留长度见表 3-2-10。

表 3-2-10　配线进入箱、柜、板的预留长度　　（单位：m/根）

项目	预留长度	说明
各种开关箱、柜、板	高+宽	盘面尺寸
单独安装（无箱、盘）的铁壳开关、闸刀开关、启动器、线槽进出线盒等	0.3	从安装对象中心算起
由地面管子出口引至动力接线箱	1.0	从管口计算
电源与管内导线连接（管内穿线与软、硬母线接点）	1.5	从管口计算
出户线	1.5	从管口计算

（八）电气照明工程计量（编码：030412）

电气照明工程计量规则见表 3-2-11。

表 3-2-11　电气照明工程计量规则

设备类别	计量依据	计量单位
配管、配线、线槽、桥架	按设计图示尺寸	m
接线箱、接线盒	按设计图示数量	个
普通灯具、工厂灯、高度标志（障碍）灯、装饰灯、荧光灯、医疗专用灯、一般路灯、中杆灯、高杆灯、桥栏杆灯、地道涵洞灯		套

➤ **说明**：配管、线槽安装不扣除管路中间的接线箱（盒）、灯头盒、开关盒所占长度。

［例题 1］某工程防雷接地示意图见图 3-2-1，避雷网采用－25×4 镀锌扁钢制作，水箱间屋面避雷网直接敷设在屋面四周，其余屋面四周的避雷网敷设在高度为 1.2m 的女儿墙上，水平接地体为－40×4 镀锌扁钢，埋深为 1.2m，室内外高差为 0.3m。每处引下线距室外地面 0.5m 处均安装接地测试板。计算相关工程量并编制工程量清单（避雷网、接地极考虑预留）。

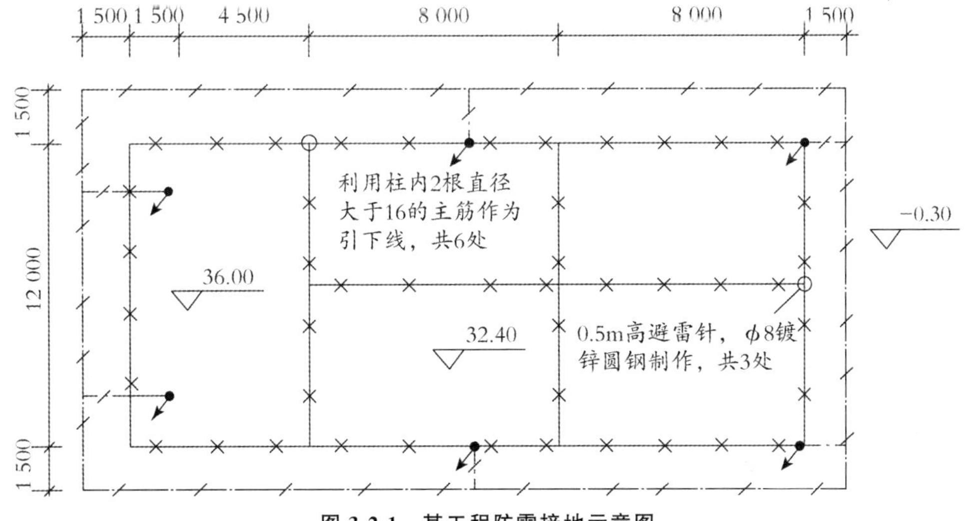

图 3-2-1　某工程防雷接地示意图

（1）－25×4 镀锌扁钢避雷网工程量＝［（1.5+4.5+8+8）×2+（8+8）+12×4+1.5×2+（36－32.4－1.2）×2+（36－32.4）+1.2×3］×（1+3.9%）＝127.80（m）。

（2）引下线工程量＝［32.4+1.2+（0.3+1.2）］×4+［36+（0.3+1.2）］×2＝215.40（m）。

(3) 接地测试板 6 块。

(4) －40×4 镀锌扁钢水平接地体工程量＝［（1.5＋1.5＋4.5＋8＋8＋1.5）×2＋（1.5＋12＋1.5）×2＋（1.5＋1.5）×2＋1.5×4］×（1＋3.9%）＝95.59（m）。

(5) 接地电阻测试 1 系统。

编制清单见表 3-2-12。

表 3-2-12　编制清单

项目编码	项目名称	项目特征	计量单位	工程量
030409005001	避雷网	1. 名称：避雷网 2. 材质：镀锌扁钢 3. 规格：－25×4 4. 安装形式：沿屋面、女儿墙敷设	m	127.80
030409003002	避雷引下线	1. 名称：引下线 2. 材质：钢筋 3. 规格：2 根 ϕ16 柱主筋 4. 安装形式：利用柱主筋引下	m	215.40
030409008003	测试板	1. 名称：测试板 2. 材质：钢板	块	6
030409002004	接地母线	1. 名称：户外接地母线 2. 材质：镀锌扁钢 3. 规格：－40×4 4. 安装部位：户外	m	95.59
030414011006	接地装置调试	1. 名称：接地装置系统调试 2. 类别：接地网	系统	1

［例题 2］图 3-2-2 为某配电房电气平面图，图 3-2-3 为配电箱系统图，表 3-2-13 为设备材料表。该建筑物为单层平屋面砖、混凝土结构，建筑物室内净高为 4.00m。

图 3-2-2 括号内数字表示线路水平长度，配管进入地面或顶板内深度均按 0.05m 计算，穿管规格：BV2.5 导线穿 3～5 根均采用刚性阻燃管 PC20，其余按系统图。

相关分部分项工程量清单项目编码及项目名称见表 3-2-14。

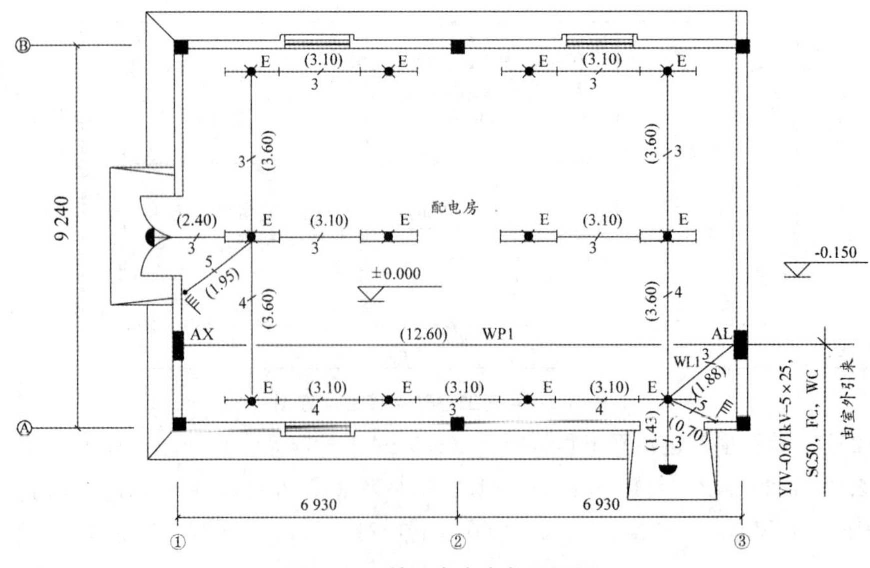

图 3-2-2　某配电房电气平面图

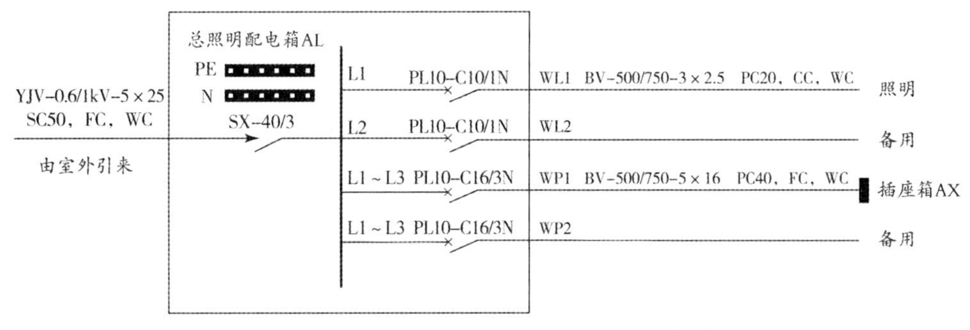

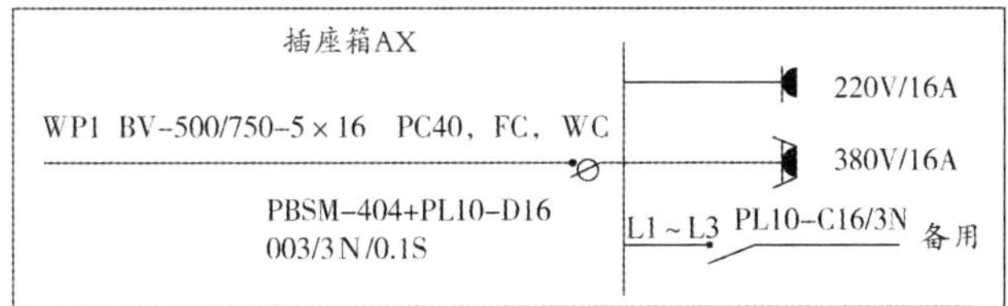

图 3-2-3　配电箱系统图

表 3-2-13　设备材料表

序号	图例	材料/设备名称	型号规格	单位	备注
1		总照明配电箱 AL	非标定制：600（宽）×800（高）×200（深）	台	嵌入式，安装高度底边离地 1.5m
2		插座箱 AX	P230，300（宽）×300（高）×120（深）	台	嵌入式，安装高度底边离地 0.5m
3		吸顶灯 HYG7001	1×12W，*D*350	套	吸顶安装
4	E	双管荧光灯 自带蓄电池	HYG218-2C，2×28W	套	应急时间不小于 120min，吸顶安装
5	E	单管荧光灯 自带蓄电池	HYG118-2C，1×28W	套	应急时间不小于 120min，吸顶安装
6		四联单控暗开关	AP86K41-10，250V/10A	个	安装高度离地 1.3m

表 3-2-14　相关分部分项工程量清单项目编码及项目名称

项目编码	项目名称	项目编码	项目名称
030404017	配电箱	030411001	配管
030404018	插座箱	030411004	配线
030404034	照明开关	030412005	荧光灯
030404031	小电器	030412001	普通灯具

［问题］按照背景资料（1）～（2）和图 3-2-2 及图 3-2-3 所示内容，根据《建设工程工程量清单计价规范》（GB 50500—2013）和《通用安装工程工程量计算规范》（GB 50856—2013）的规定，计算各分部分项工程量。

［解析］各分部分项工程量计算见表 3-2-15。

表 3-2-15　各分部分项工程量计算表

序号	项目编码	项目名称	计量单位	计算式	工程量
1	030404017001	配电箱 AL	台	1	1
2	030404018001	插座箱 AX	台	1	1
3	030411001001	WL1 刚性阻燃管沿砖、混凝土结构暗配 PC20	m	水平：1.88＋0.7＋1.43＋3.1×7＋4×3.6＋1.95＋2.4＝44.46 垂直：4－1.5－0.8＋0.05＋（4－1.3＋0.05）×2＝7.25 合计：44.46＋7.25＝51.71	51.71
4	030411001002	WL1 刚性阻燃管沿砖、混凝土结构暗配 PC40	m	12.6＋1.5＋0.5＋0.05×2＝14.70	14.70
5	030411004001	WL1 管内穿铜线 BV2.5mm^2	m	(1.88＋0.6＋0.8＋4－1.5－0.8＋1.43＋3.6＋2.4＋3.1×5＋3.6＋0.05）×3＋（3.6×2＋3.1×2）×4＋(0.7＋4－1.3＋0.05＋1.95＋4－1.3＋0.05）×5＝189.03	189.03
6	030411004002	WL1 管内穿铜线 BV16mm^2	m	(14.7＋0.6＋0.8＋0.3＋0.3）×5＝83.50	83.50
7	030404034001	四联单控暗开关	个	2	2
8	030412005001	单管荧光灯	套	8	8
9	030412005002	双管荧光灯	套	4	4
10	030412001001	吸顶灯	套	2	2

第三章

·典型例题·

［**例题 1·单选**］根据《通用安装工程工程量计算规范》（GB 50856—2013）的规定，利用基础钢筋作接地极，应执行的清单项目是（　　）。

A. 接地极项目　　B. 接地母线项目

C. 基础钢筋项目　　D. 均压环项目

［**解析**］利用桩基础作接地极，应描述桩台下桩的根数，每桩台下需焊接柱筋根数，其工程量按柱引下线计算；利用基础钢筋作接地极按均压环项目编码列项。

［**例题 2·单选**］根据《通用安装工程工程量计算规范》（GB 50856—2013）的规定，单独安装的铁壳开关、自动开关、箱式电阻器、变阻器的外部进出线预留长度应从（　　）算起。

A. 安装对象最远端子接口

B. 安装对象最近端子接口

C. 安装对象下端往上 2/3 处

D. 安装对象中心

［**解析**］单独安装的铁壳开关、自动开关、刀开关、启动器、箱式电阻器、变阻器从安装对象中心算起预留长度 0.5m。

答案：1.D　2.D

二、建筑智能化工程

建筑智能化工程计量规则见表 3-2-16。

表 3-2-16　建筑智能化工程计量规则

项目类别	设备类别	计量单位
计算机应用、网络系统工程（030501）	输入设备，输出设备，控制设备，存储设备，插箱、机柜，集线器，路由器，收发器，防火墙，交换机，网络服务器	台（套）
	互联电缆	条
	计算机应用、网络系统接地，计算机应用、网络系统联调	台（套、系统）
综合布线系统工程（030502）	机柜、分线接线箱（盒）、电视、电话插座	台（套、个）
	双绞线缆，大对数电缆，光缆，光纤束、光缆外护套	m
	跳线	条
建筑设备自动化系统工程（030503）	中央管理系统	系统（套）
	建筑设备自动化系统调试，建筑设备自动化系统试运行	台（户、系统）
有线电视、卫星接收系统工程（030505）	共用天线，卫星电视天线、馈线系统	副
	电视墙，前端射频设备	套
	同轴电缆接头，卫星地面站接收设备，光端设备安装、调试，有线电视系统管理设备，播控设备安装、调试，分配网络，终端调试，干线设备	个（套、台）
安全防范系统工程（030507）	安全防范分系统调试，安全防范全系统调试，安全防范系统工程试运行	系统（套、台）
	安全检查设备，停车场管理设备	台（套）
	入侵探测设备，入侵报警控制器，入侵报警中心显示设备，入侵报警信号传输设备，出入口控制设备，监控摄像设备，视频控制设备，视频传输设备，录像设备	

三、通风空调工程

（一）通风空调设备及部件制作安装

通风空调设备及部件制作安装计量规则见表 3-2-17。

表 3-2-17　通风空调设备及部件制作安装计量规则

主要知识点	计量单位
空调器按设计图示数量	台或组
密闭门、挡水板、滤水器（溢水盘）、金属壳体	个
过滤器的计量有两种方式	台或过滤面积“m^2”

（二）通风管道制作安装

通风管道制作安装计量规则见表 3-2-18。

表 3-2-18 通风管道制作安装计量规则

主要知识点	计量单位
碳钢通风管道、净化通风管道、不锈钢板通风管道、铝板通风管道、塑料通风管道等 5 个分项工程在进行计量时，按设计图示内径尺寸以展开面积计算	m^2
玻璃钢通风管道、复合型风管工程量是按设计图示外径尺寸以展开面积计算	
柔性软风管有两种计量方式	m 或节
弯头导流叶片有两种计量方式	展开面积“m^2”或组
风管检查孔的计量按风管检查孔质量或设计图示数量计算	kg 或个
温度、风量测定孔按设计图示数量计算	个

➢ **注意**：(1) 风管展开面积，不扣除检查孔、测定孔、送风口、吸风口等所占面积。风管展开面积不包括风管、管口重叠部分面积。

(2) 风管长度一律以设计图示中心线长度为准（主管与支管以其中心线交点划分），包括弯头、三通、变径管、天圆地方等管件的长度，但不包括部件所占的长度。

(3) 圆形风管按平均直径、矩形风管按平均周长计算。

（三）穿墙套管的计算

穿墙套管按展开面积计算，计入通风管道工程量中。穿墙套管按展开面积计算计量规则见表 3-2-19。

表 3-2-19 穿墙套管按展开面积计算计量规则

项目	计量规则	计量单位
通风管道部件计算	柔性接口按设计图示尺寸以展开面积计算	m^2
	静压箱的计量有两种：按设计图示数量（面积）计算；按设计图示尺寸以展开面积计算，不扣除开口的面积	个/m^2
通风工程检测和调试	通风工程检测、调试：包括通风工程检测、调试和风管漏光试验、漏风试验两个分项工程	—
	通风工程检测、调试的计量按通风系统计算	系统
	风管漏光试验、漏风试验的计量按设计图纸或规范要求以展开面积计算	m^2

［例题 1］图 3-2-4 为一风管平面示意图，图中所示尺寸只作为举例使用，实际工程中需按照图纸设计比例丈量风管长度。按照图 3-2-4 所示尺寸，风管工程量计算见表 3-2-20。

第三章

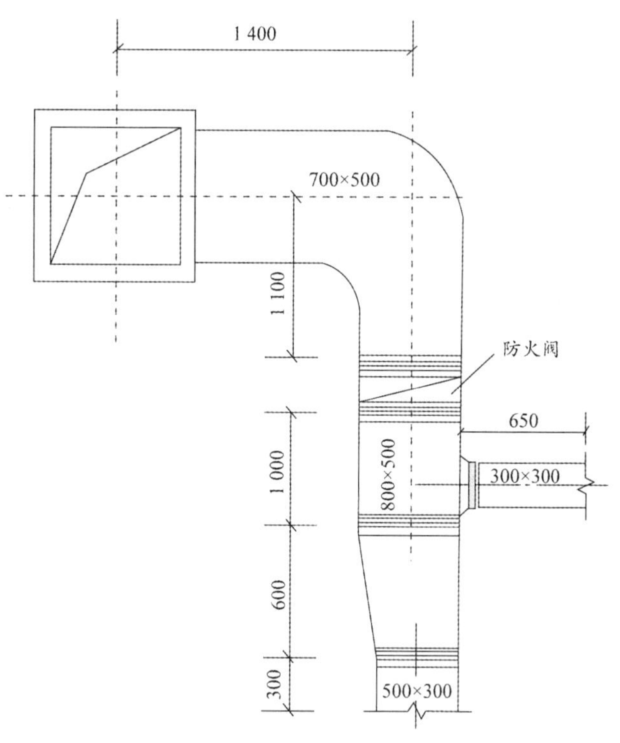

图 3-2-4　风管平面示意图

表 3-2-20　风管工程量计算

项目名称	单位	规格/mm	周长/m	长度/m	工程量/m²	备注
钢板风管	m²	700×500	2×（0.7+0.5）	1.4+1.1+1+0.3=3.8	9.12	弯头算至中心线交点
钢板风管	m²	500×300	2×（0.5+0.3）	0.3+0.3=0.6	0.96	变径管按中心划分
钢板风管	m²	300×300	2×（0.3+0.3）	0.4+0.65=1.05	1.26	支管算至主管中心

［例题 2］风管工程量计算见图 3-2-5 和图 3-2-6。

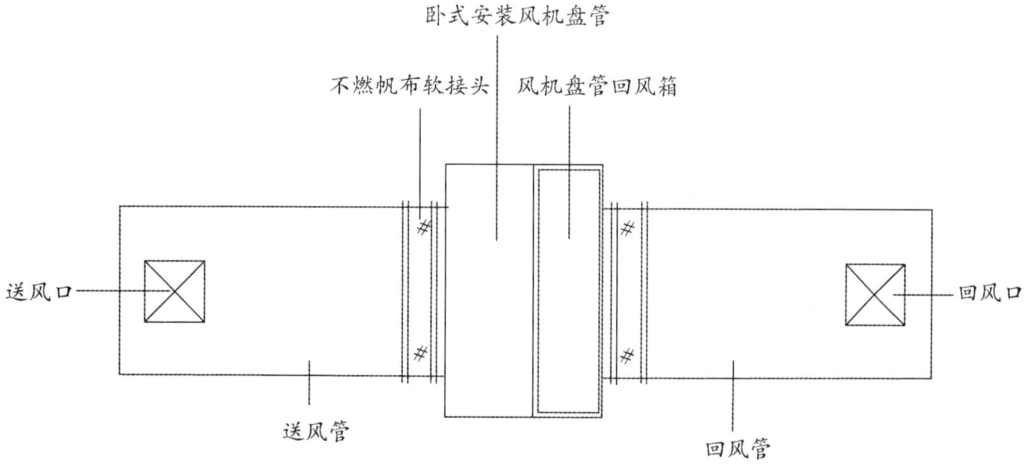

图 3-2-5　风机盘管风路接管平面图

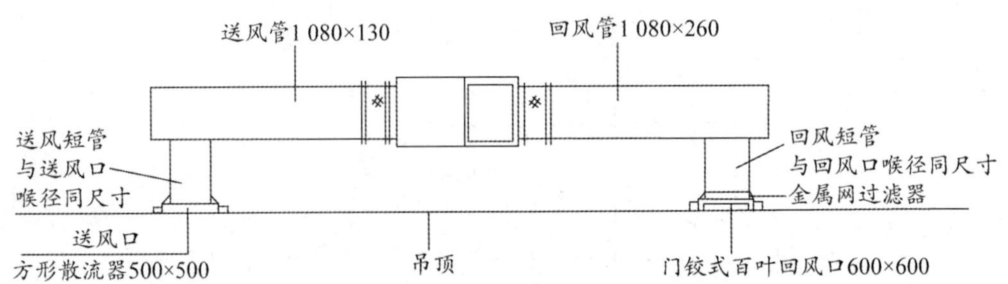

图 3-2-6 风机盘管风路接管剖面图

图 3-2-5 和图 3-2-6 所示为一风机盘管风路接管平面及剖面示意图，送回风管长度均为 1 900mm，连接风口的风管长度为 300mm，回风箱由风机盘管出厂配套，按照图中所示尺寸，风管工程量计算见表 3-2-21。

表 3-2-21 风管工程量计算

项目名称	单位	规格/mm	周长/m	长度/m	工程量/m²	备注
钢板风管	m²	1 080×130	2×（1.08+0.13）	1.9	4.60	—
钢板风管	m²	1 080×260	2×（1.08+0.26）	1.9	5.10	—
钢板风管	m²	500×500	2×（0.5+0.5）	0.3+0.065	0.73	支管算至主管中心
钢板风管	m²	600×600	2×（0.6+0.6）	0.3+0.13	1.03	支管算至主管中心
钢板风管堵头	m²	1 080×130	1.08×0.13		0.14	—
钢板风管堵头	m²	1 080×260	1.08×0.26		0.28	—

风管工程量合计：

大边长 1 250 内：4.60+0.14+5.10+0.28=10.12（m^2）。

大边长 630 内：0.72+1.01=1.73（m^2）。

·典型例题·

［**例题 1·单选**］根据《通用安装工程工程量计算规范》（GB 50856—2013）的规定，工程量按设计图示外径尺寸以展开面积计算的通风管道是（　　）。

A. 碳钢通风管道　　B. 铝板通风管道

C. 玻璃钢通风管道　　D. 塑料通风管道

［**解析**］玻璃钢通风管道、复合型风管是按设计图示外径尺寸以展开面积计算。选项 A、B、D 是以内径计算。

［**例题 2·多选**］根据《通用安装工程工程量计算规范》（GB 50856—2013）的规定，通风空调工程中过滤器的计量方式有（　　）。

A. 以“台”计量，按设计图示数量计算

B. 以“个”计量，按设计图示数量计算

C. 以“m^2”计量，按设计图示尺寸的过滤面积计算

D. 以“m^2”计量，按设计图示尺寸计算

E. 以“m^2”计量，按设计图示数量计算

［**解析**］过滤器的计量有两种方式，以“台”计量，按设计图示数量计算；以面积计量，按设计图示尺寸以过滤面积计算。

答案：1. C　2. AC

四、工业管道工程

（一）工业管道工程计算规范概述

工业管道工程适用于厂区范围内的车间、装置、站、罐区及其相互之间各种生产用介质输送管道和厂区第一个连接点以内生产、生活共用的输送给水、排水、蒸汽、燃气的管道安装工程。

工业管道压力等级划分：

低压：$0<P\leqslant 1.6$MPa。

中压：$1.6<P\leqslant 10$MPa。

高压：$10<P\leqslant 42$MPa。

蒸汽管道：$P\geqslant 9$MPa，工作温度大于或等于500℃。

1. 与市政工程管网工程的界限

（1）给水管道以厂区入口水表井为界。

（2）排水管道以厂区围墙外第一个污水井为界。

（3）热力和燃气以厂区入口第一个计量表（阀门）为界。

2. 与通用安装工程其他附录的界限

厂区范围内的生活用给水、排水、蒸汽、燃气的管道安装工程，应执行《安装工程计算规范》附录K给排水、采暖、燃气工程相应项目。

（二）工业管道工程工程量计算规范

1. 低压管道工程量计算

以“m”计量，按设计图示管道中心线以长度计算。

工程量计算及清单列项的注意事项：

（1）管道工程量计算不扣除阀门、管件所占长度；室外埋设管道不扣除附属构筑物所占长度；方形补偿器以其所占长度列入管道安装工程量。

（2）压力试验按设计要求描述试验方法，如水压试验、气压试验、泄漏性试验、真空试验等。

（3）吹扫与清洗按设计要求描述吹扫与清洗方法和介质，如水冲洗、空气吹扫、蒸汽吹扫、化学清洗、油清洗等。

（4）脱脂按设计要求描述脱脂介质种类，如二氯乙烷、三氯乙烯、四氯化碳、动力苯、丙酮或酒精等。

2. 低压管件工程量计算

（1）清单工程量计算规则，以“个”计量，按设计图示数量计算。

（2）工程量计算及清单列项的注意事项：

1）管件包括弯头、三通、四通、异径管、管接头、管帽、方形补偿器弯头、管道上仪表

第三章

一次部件、仪表温度计扩大管制作安装等。

2）管件压力试验、吹扫、清洗、脱脂均包括在管道安装中。

3）在主管上挖眼接管的三通和摔制异径管，均以主管径按管件安装工程量计算，不另计制作费和主材费；挖眼接管的三通支线管径小于主管径 1/2 时，不计算管件安装工程量；在主管上挖眼接管的焊接接头、凸台等配件，按配件管径计算管件工程量。

4）三通、四通、异径管均按大管径计算。

5）管件用法兰连接时执行法兰安装项目，管件本身不再计算安装。

3. 低压阀门工程量计算

（1）清单工程量计算规则，以“个”计量，按设计图示数量计算。

（2）工程量计算及清单列项的注意事项：

1）减压阀直径按高压侧计算。

2）电动阀门包括电动机安装。

4. 低压法兰工程量计算

（1）清单工程量计算规则，以“副”或“片”计量，按设计图示数量计算。

（2）工程量计算及清单列项的注意事项：

1）法兰焊接时，要在项目特征中描述法兰的连接形式（平焊法兰、对焊法兰、翻边活动法兰及焊环活动法兰等），不同连接形式应分别列项。

2）配法兰的盲板不计安装工程量。

3）焊接盲板（封头）按管件连接计算工程量。

5. 管架制作安装工程量计算

（1）清单工程量计算规则，以“kg”计量，按设计图示质量计算。

（2）工程量计算及清单列项的注意事项：

1）单件支架质量在 100kg 以下和 100kg 以上时，应分别列项。

2）支架衬垫需注明采用何种衬垫，如防腐木垫、不锈钢衬垫、铝衬垫等。

3）采用弹簧减震器时需注明是否做相应试验。

6. 无损探伤与热处理工程量计算

（1）管材表面超声波探伤、管材表面磁粉探伤。以“m”计量，按管材无损探伤长度计算；或以“m^2”计算，按管材表面探伤检测面积计算。

（2）焊缝 X 射线探伤、焊缝 γ 射线探伤。以“张”或“口”计量，按规范或设计技术要求计算。

（3）焊缝超声波探伤，焊缝磁粉探伤，焊缝渗透探伤、焊前预热、后热处理，焊口热处理。以“口”计量，按规范或设计技术要求计算。

［例题］某生产装置中部分工艺管道系统见图 3-2-7。根据《通用安装工程工程量计算规范》的规定，管道系统各分部分项工程量清单项目的统一编码，见表 3-2-22。

表 3-2-22　工程量清单统一项目编码

项目编码	项目名称	项目编码	项目名称
030802001	中压碳钢管道	030816003	焊缝 X 射线探伤
030805001	中压碳钢管件	030816005	焊缝超声波探伤
030808003	中压法兰阀门	031201001	管道刷油

续表

项目编码	项目名称	项目编码	项目名称
030811002	中压碳钢焊接法兰	031201003	金属结构刷油
030815001	管架制作安装		

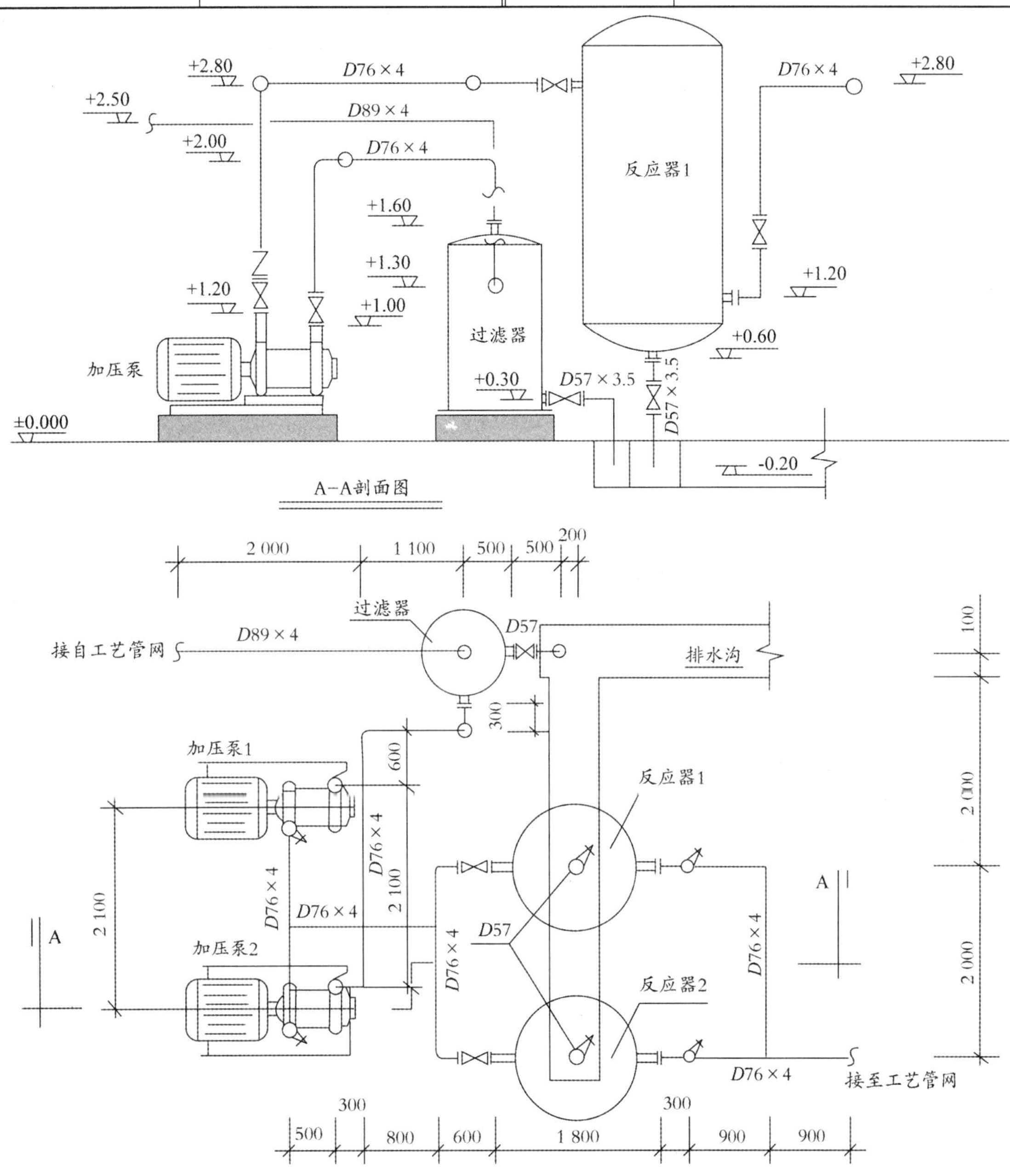

图 3-2-7　某生产装置中部分工艺管道系统示意图

说明：

1. 本图所示为某工厂生产装置的部分工艺管道系统，该管道系统工作压力为 2.0MPa。图中标注尺寸标高以米计，其他均以毫米计。

2. 管道均采用 20 号碳钢无碳钢管，弯头采用成品压制弯头，三通为现场挖眼连接，管道系统的焊接均为氩电联焊。

3. 所有法兰为碳钢对焊法兰；阀门型号：止回阀为 H41H-25，截止阀为 J41H-25，用对焊法兰连接。

4. 管道支架为普通支架，共耗用钢材42.4kg，其中施工损耗为6%。

5. 管道系统安装就位后，对D76×4的管线的焊口进行无损探伤。其中，法兰处焊口采用超声波探伤，管道焊缝采用X射线探伤，片子规格为80mm×150mm，焊口按36个计。

6. 管道安装完毕后，进行水压试验和空气吹扫。管道、管道支架除锈后，均刷防锈漆、调和漆各两遍。

［问题］根据《通用安装工程工程量计算规范》和《建设工程工程量清单计价规范》的规定，计算管道D89×4、管道D76×4、管道D57×3.5、管架制作安装、焊缝X射线探伤、焊缝超声波探伤等六项工程量，并写出计算过程。

［解析］分部分项工程清单工程量的计算过程：

（1）无缝钢管D89×4安装工程量＝2＋1.1＋（2.5－1.6）＝4（m）。

（2）无缝钢管D76×4安装工程量＝［0.3＋（2－1.3）＋1.1＋0.6＋2.1＋（0.3＋2－1）×2］＋［2.1＋（2.8－1.2）×2＋0.5＋0.3＋0.8＋2＋（0.6×2）］＋［（0.3＋0.9＋2.8－1.2）×2＋2＋0.9］＝7.4＋10.1＋8.5＝26（m）。

（3）无缝钢管D57×3.5安装工程量＝（0.3＋0.2＋0.5）＋（0.6＋0.2）×2＝1＋1.6＝2.6（m）。

（4）管架制作安装工程量＝42.4/1.06＝40（kg）。

（5）D76×4管道焊缝X射线探伤工程量：

每个焊口的胶片数量＝0.076×3.14/（0.15－0.025×2）＝2.39（张），取3张。

36个焊口的胶片数量＝36×3＝108（张）。

（6）D76×4（DN70）法兰焊缝超声波探伤工程量＝1＋2＋2＋2＋2＋4＝13（口）。

（7）管道刷油的工程量＝3.14×（0.089×4＋0.076×26＋0.057×2.6）＝7.79（m^2）。

（8）管道支架刷油的工程量＝42.4/1.06＝40（kg）。

五、消防工程

（一）消防工程计量规则

1. 水灭火系统工程量计算规则

水灭火系统工程量计算规则见表3-2-23。

表3-2-23　水灭火系统工程量计算规则

计量规则	计量单位
水喷淋、消火栓钢管等，应根据管道材质、规格、型号、连接方式以及安装位置，按设计图示管道中心线长度（不扣除阀门、管件及各种组件所占长度）	m
水喷淋（雾）喷头；水流指示器；减压孔板；集热板	个
报警装置；温感式水幕装置；末端试水装置（压力表、控制阀）；灭火器	组
说明： （1）报警装置适用于湿式、干湿两用、电动雨淋、预制作用报警装置的安装。报警装置安装包括装配管（除水力警铃进水管）的安装，水力警铃进水管并入消防管道工程量 （2）末端试水装置，包括压力表、控制阀等附件安装。末端试水装置安装中不含连接管及排水管安装，其工程量并入消防管道	
室内、外消火栓；消防水泵接合器	套
消防水炮	台

2. 消防系统调试工程量计算规则

（1）自动报警系统：包括各种探测器、报警器、报警按钮、报警控制器、消防广播、消防电话等组成的报警系统；按不同点数以“系统”计算。

（2）水灭火控制装置：自动喷洒系统按水流指示器数量以“点（支路）”计算；消火栓系统按消火栓启泵按钮数量以“点”计算；消防水炮系统按水炮数量以“点”计算。

（3）防火控制装置：包括电动防火门、防火卷帘门、正压送风阀、排烟阀、防火控制阀、消防电梯等防火控制装置；电动防火门、防火卷帘门、正压送风阀、排烟阀、防火控制阀等调试以“个”计算；消防电梯以“部”计算。

（4）气体灭火系统：由七氟丙烷、IG541、二氧化碳等组成的灭火系统；按气体灭火系统装置的瓶头阀以“点”计算。

（二）消防计量规则说明

（1）喷淋系统水灭火管道、消火栓管道：室内外界限应以建筑物外墙皮 1.5m，入口处设阀门者应以阀门为界；设在高层建筑物内消防泵间管道应以泵间外墙皮为界。与市政给水管道的界限以与市政给水管道碰头点（井）为界。

（2）消防管道如需进行探伤，按工业管道工程相关项目编码列项。

（3）消防管道上的阀门、管道及设备支架、套管制作安装，按给排水、采暖、燃气工程相关项目编码列项。

（4）管道及设备除锈、刷油、保温除注明者外，均应按刷油、防腐蚀、绝热工程相关项目编码列项。

［例题］某商厦一层火灾自动报警系统工程平面图和系统图，见图 3-2-8，设备材料明细见表 3-2-24。

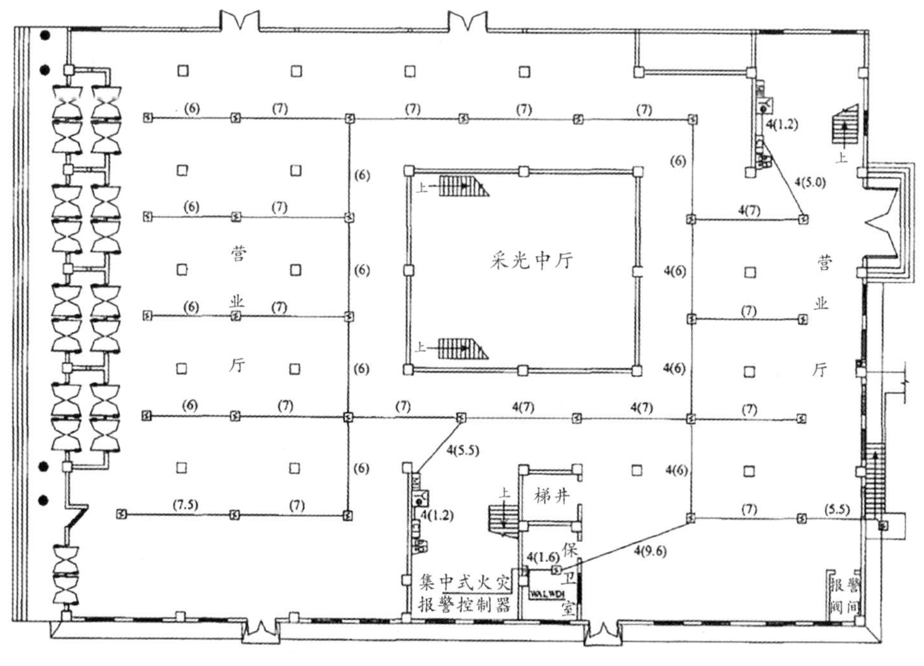

（a）平面图

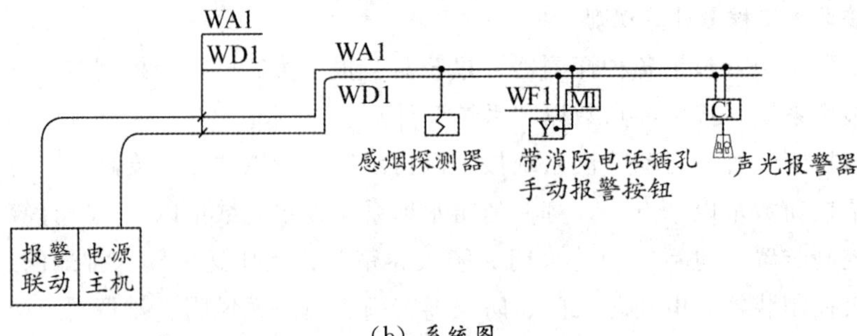

（b）系统图

图 3-2-8 火灾自动报警系统工程平面图和系统图

设计说明：

1. 火灾自动报警系统线路由一层保卫室消防集中报警主机引出，水平、垂直穿管敷设，焊接钢管沿墙内、顶板暗敷，敷设高度为离地 3m。

2. WA1 为报警（联动）二总线，采用 NH-RVS-2×1.5，WD1 为电源二总线，采用 NH-BV-2.5。

3. 控制模块和输入模块均安装在开关盒内。

4. 自动报警系统装置调试的点数按本图内容计算。

5. 消防报警主机集中式火灾报警控制器安装高度为距地 1.5m，箱体尺寸：400×300×200（宽×高×厚，mm）。

6. 平面中火灾报警联动线途经控制模块（C1，M）时为四根线，两根 DC24V 电源线，两根报警线，共管敷设，穿 ϕ20 焊接钢管沿顶板，墙内暗敷，未通过控制模块的为二根报警线，穿 ϕ20 焊接钢管沿顶板，墙内暗敷。

7. 配管水平长度见图示括号内容数字，单位为 m。

表 3-2-24 设备材料明细

序号	图例	设备名称	型号规格	单位	安装高度
1	c	集中式火灾报警控制器		台	挂墙安装
2	M	输入监视模块		只	与控制设备同高度安装
3	c	控制模块		只	与控制设备同高度安装
4		感烟探测器		只	吸顶安装
5		火灾声光警报器		台	下沿距地 2.2m 安装
6		带电话插孔的手动报警按钮	J-SAM-GST9122	只	下沿距地 1.5m 安装

［问题］根据图示内容和《通用安装工程工程量计算规范》和《建设工程工程量清单计价

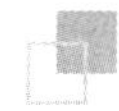

规范》的相关规定，分部分项工程的统一编码，见表 3-2-25。列式计算配管及配线的工程量，并编制其分部分项工程量清单。

表 3-2-25 工程量清单统一项目编码

项目编码	项目名称	项目编码	项目名称
030904001	点型探测器	030904005	声光报警器
030904002	线型探测器	030904011	远程控制箱
030904003	按钮	030905001	自动报警系统调试
030904008	模块（模块箱）		
030904009	区域报警控制箱	030411001	配管
030411006	接线盒	030411004	配线

［解析］火灾报警系统配管配线的工程量计算如下：

（1）WD1 回路，ϕ20 钢管暗配：(3－1.5－0.3)＋1.6＋9.6＋6＋7＋7＋5.5＋(3－1.5)＋(3－1.5)＋1.2＋(3－2.2)＋6＋6＋7＋5.0＋(3－2.2)＋(3－2.2)＋1.2＋(3－1.5)＝71.20（m）。

电源二总线 NH-BV-2.5mm^2：(71.20＋0.3＋0.4)×2＝143.80（m）。

（2）WA1 回路，ϕ20 钢管暗配：7＋5.5＋7×2＋6＋7×3＋6×4＋7×5＋7.5＋6×4＋7＝151.00（m）。

报警二总线 NH-RVS-2×1.5mm^2：71.20＋(151.00＋0.3＋0.4)＝222.90（m）。

合计：ϕ20 钢管暗配：71.20＋151＝222.20（m）。

电源二总线 NH-BV-2.5mm^2：143.80m。

报警二总线 NH-RVS-2×1.5 mm^2：222.90m。

分部分项工程量清单与计价表，见表 3-2-26。

表 3-2-26 分部分项工程量清单与计价表

序号	项目编码	项目名称	项目特征	计量单位	工程量	金额/元	
						综合单价	合价
1	030411001001	配管	ϕ20 焊接钢管，暗配	m	222.20		
2	030411004001	配线	电源二总线，穿管敷设，NH-BV-2.5mm^2	m	143.80		
3	030411004002	配线	报警二总线，穿管敷设，NH-RVS-2×1.5mm^2	m	222.90		
4	030411006001	接线盒	接线盒 30 个、开关盒 4 个	个	34		
5	030904001001	点型探测器	感烟探测器，吸顶安装	个	30		

续表

序号	项目编码	项目名称	项目特征	计量单位	工程量	金额/元	
						综合单价	合价
6	030904003001	按钮	带电话插孔的手动报警按钮，J-SAM-GST9122，距地 1.5m 安装	个	2		
7	030904008001	模块	输入监视模块，与控制设备同高度安装	个	2		
8	030904008002	模块	控制模块，与控制设备同高度安装	个	2		
9	030904009001	区域报警控制箱	箱体尺寸：400×300×200（宽×高×厚，mm）距地 1.5m 挂墙安装，控制点数量：34 点	台	1		
10	030904005001	声光报警器	火灾声光报警器，距地 2.2m 安装	个	2		
11	030905001001	自动报警系统装置调试	总线制点数：34 点	系统	1		

·典型例题·

[例题 1·多选] 根据《通用安装工程工程量计算规范》（GB 50856—2013），防火控制装置调试项目中，计量单位以“个”计量的有（　　）。

A. 电动防火门调试

B. 防火卷帘门调试

C. 瓶头阀调试

D. 正压送风阀调试

E. 消防电梯

[解析] 防火控制装置包括电动防火门、防火卷帘门、正压送风阀、排烟阀、防火控制阀、消防电梯等；电动防火门、防火卷帘门、正压送风阀、排烟阀、防火控制阀等调试以“个”计算，消防电梯以“部”计算。气体灭火系统是由七氟丙烷、IG-541、二氧化碳等组成的灭火系统，气体灭火系统装置的瓶头阀以“点”计算。

[例题 2·多选] 根据水灭火系统工程量计算规则，末端试水装置的安装包括（　　）。

A. 压力表安装

B. 控制阀等附件安装

C. 连接管安装

D. 排水管安装

E. 减压孔板

[解析] 末端试水装置包括压力表、控制阀等附件安装，末端试水装置安装中不含连接管、排水管及减压孔板安装。

答案：1. ABD　2. AB

六、给排水、采暖、燃气工程

（一）说明管道界限

（1）给水管道室内外界限划分：以建筑物外墙皮 1.5m 为界，入口处设阀门者以阀门为界。

（2）排水管道室内外界限划分：以出户第一个排水检查井为界。

（3）采暖管道室内外界限划分：以建筑物外墙皮 1.5m 为界，入口处设阀门者以阀门为界（与给水管道相同）。

（4）燃气管道室内外界限划分：地下引入室内的管道以室内第一个阀门为界，地上引入室内的管道以墙外三通为界。

（二）给排水、采暖、燃气管道

（1）管道分项工程数量按设计图示管道中心线以长度计算，计量单位为“m”，管道工程量计算不扣除阀门、管件（包括减压器、疏水器、水表、伸缩器等组成安装）及附属构筑物所占长度；方形补偿器以其所占长度列入管道安装工程量。

（2）室外管道碰头：①适用于新建或扩建工程热源、水源、气源管道与原（旧）有管道碰头；②室外管道碰头工程数量按设计图示以“处”计算，计量单位为“处”。

（三）管道附件

（1）管道附件包括螺纹阀门、螺纹法兰阀门、焊接法兰阀门、带短管甲乙阀门、塑料阀门、减压器、疏水器、除污器（过滤器）、补偿器、软接头、法兰、水表、倒流防止器、热量表、塑料排水管消声器、浮标液面计、浮漂水位标尺等共 17 个分项工程。

（2）在进行本部分清单项目计量时，计算规则均按设计图示数量，分别以“组”“个”“套”或“块”计算。值得注意的是：法兰有“副”“片”之分，分别适用于成对安装或单片安装的情况。

➤ **注意**：水表安装项目，用于室外井内安装时以“个”计算；用于室内安装时，以“组”计算，综合单价中包括表前阀。

［例题 1］垂直安装管道，又称为立管，查看系统图（轴测图），根据标高之差计算其工程量。在图 3-2-9 给水系统图中，计算镀锌钢管（螺纹连接）管道 $DN50$ 的立管清单工程量。

［解析］此处立管上 $DN60$ 与 $DN50$ 的变径点为标高 5.000m 处的三通，因此 $DN60$ 的立管长度为 5（二层分支三通标高）$+\underline{0.8}$（水平干管标高）＝5.8m（其中下划线代表室内地坪以下，方便以后计算支架、刷油、绝热等工程量）。

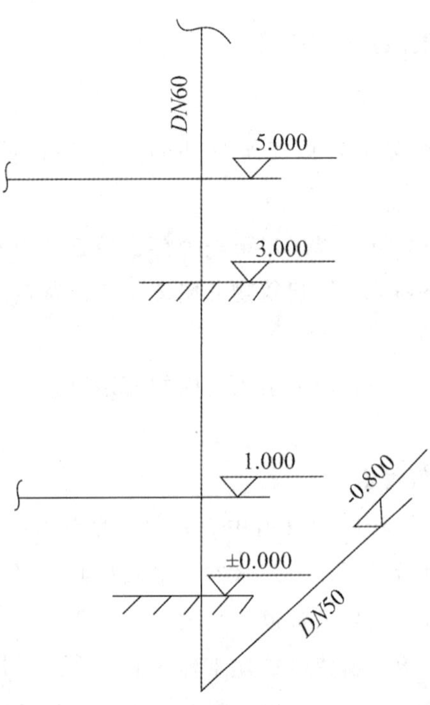

图 3-2-9 给水系统图

［例题 2］某六层住宅楼采暖系统标准立管图及其平面图见图 3-2-10。层高 3.0m，散热器采用 GCB－2.2－10300×80 型钢制闭式对流散热器，进出水口中心距为 220mm，供回水干管离墙皮均为 200mm，立管采用焊接钢管（丝接），计算立管的清单工程量。

［解析］根据工程量计算规则，立管的清单工程量计算如下：

供水干管平均标高为：（11.8＋11.9）/2＝11.85（m）。

回水干管平均标高为：－（0.8＋0.9）/2＝－0.85（m）。

（1）地下部分因地沟内安装的管道一般需保温，所以单独计算。

*DN*25 焊接钢管：0.85（回水干管平均标高）＋（0.2－0.05）［见图 3-2-10（b）］＋0.3（图集规定）＝1.3（m）。

（2）地上部分 *DN*25 焊接钢管为：11.85（供水干管平均标高）－0.22×4（散热器进出口中心距）＋（0.2－0.05）［见图 3-2-10（b）］＝11.12（m）。

（3）*DN*20 焊接钢管为 0.22m。

第三章

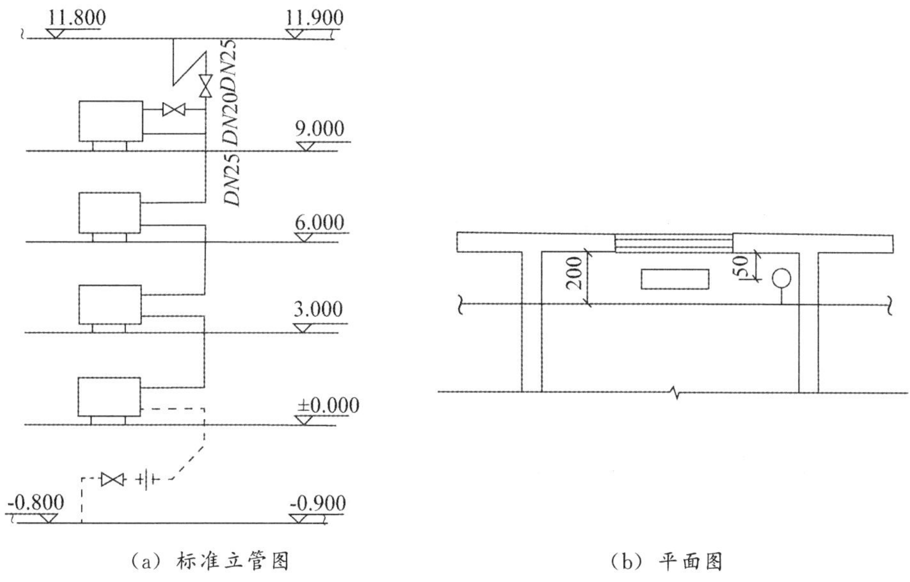

（a）标准立管图　　（b）平面图

图 3-2-10　标准立管图及其平面图

➢ **注意**：对支管工程量的计算，在施工图中，散热器是以图例表示的，与散热器片数（或长度）无关，所以采暖支管的长度不能用比例尺丈量，只能计算求得。

［例题 3］某办公楼内卫生间的给水施工图见图 3-2-11 和图 3-2-12。

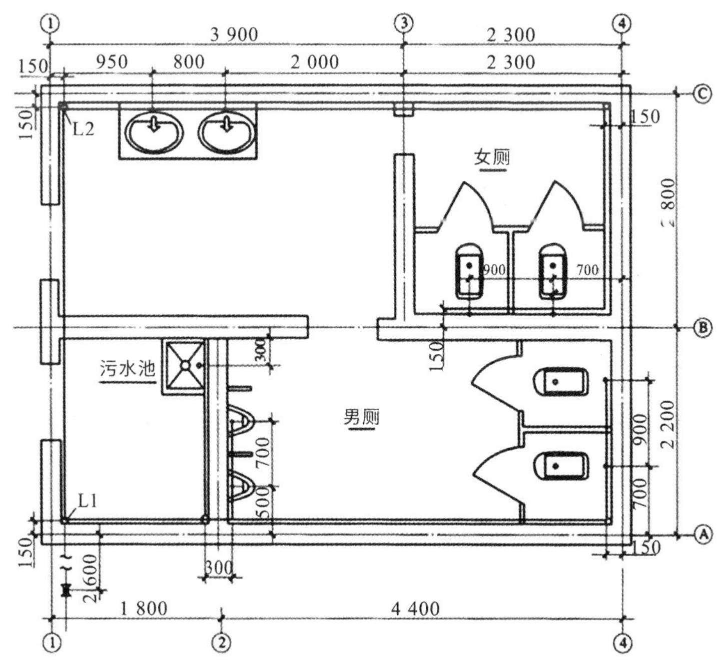

图 3-2-11　卫生间给水平面图

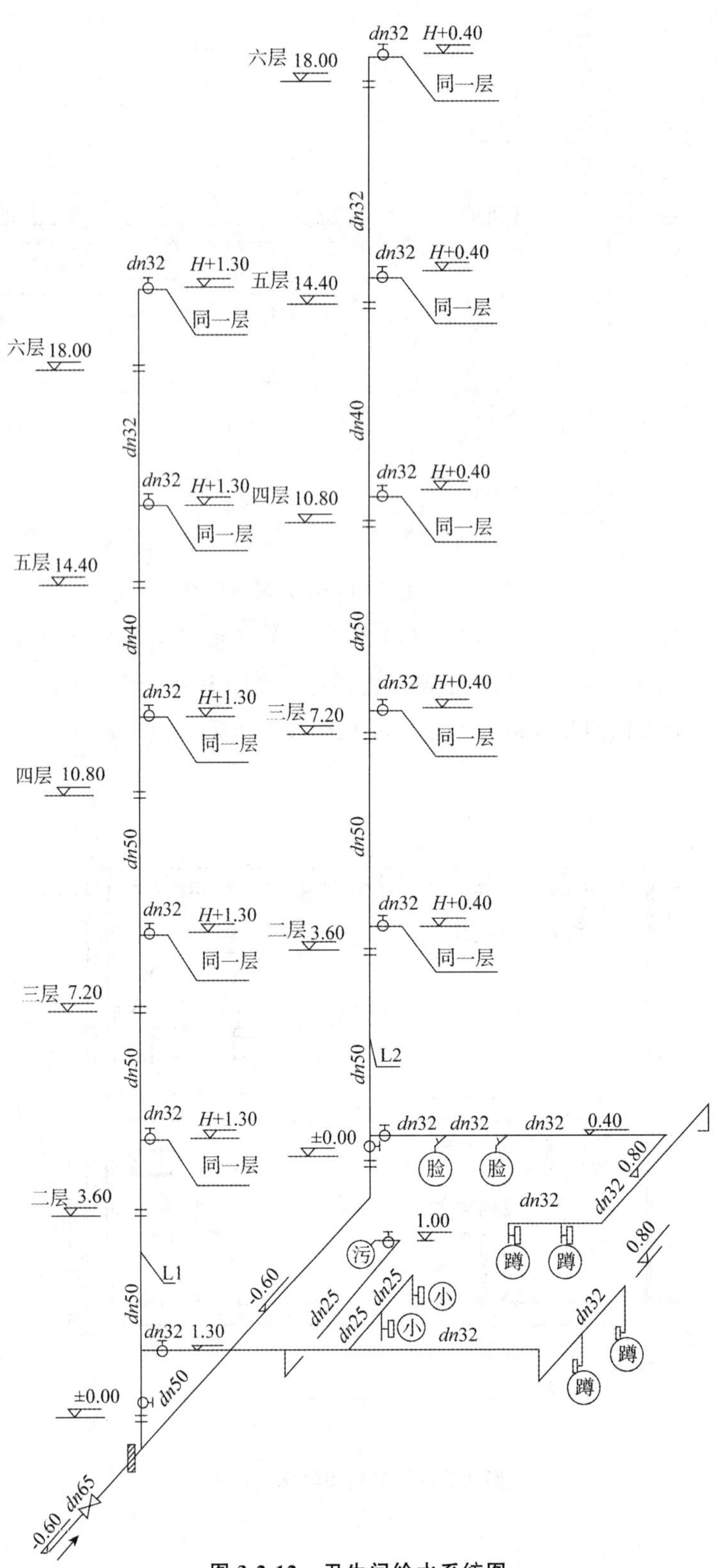

图 3-2-12　卫生间给水系统图

设计说明：

1. 办公楼共 6 层，层高 3.6m，墙厚 200mm。图中尺寸标注标高以米计，其他均以毫米计。

2. 管道采用 PP-R 塑料管及成品管件，热熔连接，成品管卡。

3. 阀门采用螺纹球阀 Q11F-16C，污水池上装铜质水嘴。

4. 成套卫生器具安装按标准图集要求施工，所有附件均随卫生器具配套供应。洗脸盆为单柄台上式安装，大便器为感应式冲洗阀蹲式大便器，小便器为感应式冲洗阀壁挂式安装，污水池为成品落地安装。

5. 管道系统安装就位后，给水管道进行水压试验。

2. 根据《通用安装工程工程量计算规范》的规定，给排水工程相关分部分项工程量清单项目的统一编码见表 3-2-27。

表 3-2-27　相关分部分项工程量清单项目的统一编码

项目编码	项目名称	项目编码	项目名称
031001001	镀锌钢管	031004014	给水附件
031001006	塑料管	031001007	复合管
031003001	螺纹阀门	031003003	焊接法兰阀门
031004003	洗脸盆	031004006	大便器
031004007	小便器	031002003	套管

[问题]

1. 按照图 3-2-11 和图 3-2-12 所示内容，按直埋（指敷设于室内地坪下埋地的管段）、明敷（指沿墙面架空敷设于室内明处的管段）分别列式计算给水管道安装项目分部分项清单工程量（注：管道工程量计算至支管与卫生器具相连的分支三通或末端弯头处止）。

2. 根据《通用安装工程工程量计算规范》和《建设工程工程量清单计价规范》的规定，编制管道、阀门、卫生器具（污水池除外）安装项目的分部分项工程量清单。

[参考解析]

1. 列式计算 PP-R 塑料给水管道的分部分项清单工程量。

（1）PP-R 塑料给水管 *dn*65，直埋：2.60＋0.15＝2.75（m）。

（2）PP-R 塑料给水管 *dn*50，直埋：（2.20＋2.80－0.15－0.15）＋（0.60＋0.60）＝5.90（m）；明敷：3.60×3＋1.30＋3.60×3＋0.40＝23.30（m）。

（3）PP-R 塑料给水管 *dn*40，明敷：3.60＋3.60＝7.20（m）。

（4）PP-R 塑料给水管 *dn*32，明敷：3.60＋3.60＝7.20（m）。

L1 支管：［（1.80＋4.40－0.15×2）＋（0.70＋0.90－0.15）＋（1.30－0.8）］×6＝47.10（m）。

L2 支管：［（3.90＋2.30－0.15×2）＋（2.80－0.15×2）＋（0.70＋0.90－0.15）＋（0.80－0.40）］×6＝61.50（m）。

合计：7.20＋47.10＋61.50＝115.80（m）。

（5）PP-R 塑料给水管 *dn*25，明敷：［（1.30－1.00）＋（2.20－0.15－0.30）＋（0.70＋0.50－0.15）］×6＝18.60（m）。

2. 根据计算出的管道、阀门、卫生器具（污水池除外）安装项目的分部分项工程量，填入分部分项工程和单价措施项目清单与计价表，见表 3-2-28。

表 3-2-28　分部分项工程和单价措施项目清单与计价表

序号	项目编码	项目名称	项目特征	计量单位	工程量	金额/元		
						综合单价	合价	其中：暂估价
1	031001006001	塑料给水管	*dn*65，PP-R 塑料给水管，室内直埋，热熔连接，水压试验	m	2.75			
2	031001006002	塑料给水管	*dn*50，PP-R 塑料给水管，室内直埋，热熔连接，水压试验	m	5.90			
3	031001006003	塑料给水管	*dn*50，PP-R 塑料给水管，室内明敷，热熔连接，水压试验	m	23.30			
4	031001006004	塑料给水管	*dn*40，PP-R 塑料给水管，室内明敷，热熔连接，水压试验	m	7.20			
5	031001006005	塑料给水管	*dn*32，PP-R 塑料给水管，室内明敷，热熔连接，水压试验	m	115.80			
6	031001006006	塑料给水管	*dn*25，PP-R 塑料给水管，室内明敷，热熔连接，水压试验	m	18.60			
7	031003001001	螺纹阀门	球阀 *DN*50，PN16Q11F-16C	个	1			
8	031003001002	螺纹阀门	球阀 *DN*40，PN16Q11F-16C	个	2			
9	031003001003	螺纹阀门	球阀 *DN*25，PN16Q11F-16C	个	12			
10	031004006001	大便器	蹲式，感应式冲洗阀，附件安装	组	24			
11	031004003001	洗脸盆	单柄单孔台上式，附件安装	组	12			
12	031004007001	小便器	壁挂式，感应式冲洗阀，附件安装	组	12			

·典型例题·

［**例题 1·单选**］根据《通用安装工程工程量计算规范》（GB 50856—2013），系统给排水、采暖、燃气工程管道附加件中按设计图示数量以“个”计算的是（　　）。

A. 倒流防止器　　B. 除污器

C. 补偿器　　D. 疏水器

［**解析**］选项 A 以“套”为计量单位；选项 B、D 以“组”为计量单位。

［**例题 2·多选**］根据《通用安装工程工程量计算规范》（GB 50856—2013），给排水和采暖管道附件以“组”为单位计量的有（　　）。

A. 浮标液面计

B. 水表

第三章

C. 浮漂水位标尺

D. 热量表

E. 消防电梯

［**解析**］补偿器、软接头（软管）、塑料排水管消声器、各式阀门的计量单位均为“个”；减压器、疏水器、除污器（过滤器）、浮标液面计的计量单位均为“组”；水表的计量单位为“个”或“组”；法兰的计量单位为“副”或“片”；倒流防止器、浮漂水位标尺以“套”为计量单位；热量表的计量单位为“块”。

答案：1. C　2. AB

第三节　安装工程工程量清单的编制

一、工程量清单概述

工程量清单是载明建设工程分部分项工程项目、措施项目和其他项目的名称和相应数量以及规费和税金项目等内容的明细清单，其特点见表 3-3-1。

表 3-3-1　工程量清单的特点

类型	特点
招标工程量清单	(1) 由招标人根据国家标准、招标文件、设计文件以及施工现场实际情况编制 (2) 应由具有编制能力的招标人或委托具有相应资质的工程造价咨询人或招标代理人编制 (3) 采用工程量清单方式招标，招标工程量清单必须作为招标文件的组成部分，其准确性和完整性由招标人负责
已标价工程量清单	作为投标文件组成部分的已标明价格并经承包人确认的工程量

二、分部分项工程量清单的编制

安装工程分部分项工程量包括分部工程量和分项工程量。分部分项工程量清单形式以碳钢通风管道为例，见表 3-3-2。

表 3-3-2　分部分项工程量清单

工程名称：　　　　　　　　　　标段：　　　　　　　　　　第　页　共　页

序号	项目编码	项目名称	项目特征	计量单位	工程量
1	030702001001	碳钢通风管道	1. 材质：镀锌钢板 2. 形状：矩形风管 3. 规格：200×120 4. 板材厚度：a－0.5mm 5. 接口形式：咬口连接	m^2	14.66

一个分部分项工程量清单有五个要件：项目编码、项目名称、项目特征、计量单位和工程量，在分部分项工程项目清单的组成中缺一不可。

（一）项目编码

我国建设工程清单工程量计算，按照《通用安装工程工程量计算规范》（GB 50856—2013）（以下简称《安装工程计量规范》）规定，分部分项工程量清单项目编码采用 12 位阿拉伯数字表示，以“安装工程→安装专业工程→安装分部工程→安装分项工程→具体安装分项工程”的顺序进行五级项目编码设置。一、二、三、四级编码为全国统一，第五级编码由清单编制人根据工程的清单项目特征分别编制。

例如，030101001001 编码含义见图 3-3-1。

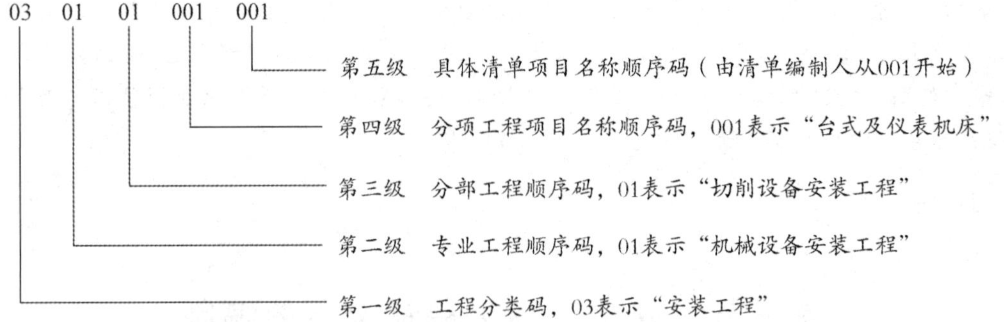

图 3-3-1 安装工程清单编码实例

项目编码类别、表示方法见表 3-3-3。

表 3-3-3 项目编码类别、表示方法

编码级别	项目类别	表示方法	举例
第一级	工程类别	两位数字 （第一、第二位）	01 为建筑工程；02 为装饰装修工程 03 为安装工程；04 为市政工程 05 为园林绿化工程；06 为矿山工程
第二级	专业工程	两位数字 （第三、第四位）	0301 为机械设备安装工程 0308 为工业管道工程
第三级	分部工程	两位数字 （第五、第六位）	030101 为切削设备安装工程 030803 为高压管道
第四级	分项工程 （清单项目）	三位数字 （第七、第八、第九位）	030101001 为台式及仪表机床 030803001 为高压碳钢管
第五级	清单项目 名称顺序码	三位数字 （第十、第十一、第十二位）	由清单编制人员所编列 可有 1～999 个子项

➤ **注意**：在编制工程量清单时，当出现计量规范附录中未包括的清单项目时，编制人应作补充。

（1）补充项目的编码应按计量规范的规定确定。补充项目的编码由计量规范的代码 03 与 B 和三位阿拉伯数字组成，并应从 001 起顺序编制，同一招标工程的项目不得重码。

（2）在工程量清单中应附补充项目的项目名称、项目特征、计量单位、工程量计算规则和工作内容。

（3）将编制的补充项目报省级或行业工程造价管理机构备案。

（二）项目名称

项目名称是表明建设项目各专业工程分部分项工程量清单项目的具体名称。安装工程各专业工程的清单项目名称应按《安装工程计量规范》附录 A～附录 N 的规定，结合拟建工程的实际确定。

（三）项目特征

项目特征是指构成分部分项工程量清单项目、措施项目自身价值的本质特征。

如 030801001 低压碳钢管，项目特征有材质、规格、连接形式、焊接方法、压力试验、吹扫与清洗设计要求、脱脂设计要求。其中材质可区分为不同钢号；型号规格可区分为不同公称直径；连接方式可区分为螺纹、法兰等连接方式。经过上述区分，即可编列出 030801001 低压碳钢管的各个子项，并作出相应的特征描述。

（四）计量单位

（1）《安装工程计量规范》规定了安装工程各清单项目的计量单位。在清单计价方式中，清单项目工程量的计量均采用基本单位，不得使用扩大单位。

（2）各专业有特殊计量单位的，当计量单位有两个或两个以上时，应根据所编工程量清单项目的特征要求，选择最适宜表现该项目特征并方便计量的单位。同一工程项目的计量单位应一致。工程量计量单位精确度取值规定见表 3-3-4。

表 3-3-4 工程量计量单位精确度取值规定

计量单位	取值规定
“t”（重量）	保留三位小数
“m^3”（体积），“m^2”（面积），“m”（长度），“kg”（重量）	保留两位小数
“台”“套”“件”	应取整数

（五）工程量

《安装工程计量规范》规定了清单工程量的计算规则。其原则是按施工图图示尺寸（数量）计算工程数量。如 030801002 低压碳钢伴热管的工程量计算规则为：按设计图示管道中心线长度以“m”计算。

《安装工程计量规范》规定了完成一个清单项目所需要的施工作业内容。清单编制人应根据该清单项目特征中的设计要求，或根据工程具体情况，或根据常规施工方案，从施工作业方面准确全面地描述该清单项目的特征，并列入该清单项目特征的描述项，以满足确定该清单项目综合单价的需要。

如 030801001 低压碳钢管，此项“工程内容”有：安装，压力试验，吹扫、清洗，脱脂。当低压碳钢管用于热水采暖管道时，设计要求有：压力试验、系统清洗。该项目特征描述应根据工程实际综合选择工程内容中的“安装，压力试验，吹扫、清洗”施工作业内容，记入分部分项工程量清单“项目特征描述”项。

·典型例题·

［**例题 1·单选**］根据《通用安装工程工程量计算规范》（GB 50856—2013）的规定，项目编码设置中的第四级编码的数字位数及表示含义为（　　）。

A. 两位数，表示各分部工程顺序码

B. 两位数，表示各分项工程顺序码

C. 三位数，表示各分部工程顺序码

D. 三位数，表示各分项工程顺序码

［**解析**］本题考查分类编码体系。第四级编码表示各分部工程的各分项工程，即表示清单项目，采用三位数字（即第七、第八、第九位数字）表示。如 030101001 为“台式及仪表机床”分项工程；030803001 为“高压碳钢管”分项工程。

［**例题 2·多选**］根据《建设工程工程量清单计价规范》（GB 50500—2013），关于分部分

项工程量清单的编制，下列说法正确的有（　　）。

A. 以重量计算的项目，其计量单位应为“t”或“kg”

B. 以“t”为计量单位时，其计算结果应保留三位小数

C. 以“m^3”为计量单位时，其计算结果应保留三位小数

D. 以“kg”为计量单位时，其计算结果应保留一位小数

E. 以“个”“项”为计量单位时，其计算结果应取整数

［解析］选项C，以“m^3”为计量单位时，其计算结果应保留两位小数。选项D，以“kg”为计量单位时，其计算结果应保留两位小数。

答案：1. D　2. ABE

三、措施项目清单的编制

（一）措施项目清单编制要求

（1）若出现规范未列的项目，可根据工程实际情况补充。补充的措施项目，需附有补充项目的名称、工作内容及包含范围等。

（2）措施项目中可以计算工程量的项目，宜采用分部分项工程量清单的方式编制，列出项目编码、项目名称、项目特征、计量单位和工程量；对不可以计算工程量的项目，以“项”为计量单位。

（二）措施项目清单内容

《安装工程计量规范》将措施项目分为专业措施项目、通用措施项目、其他措施项目。下面重点讲解专业措施项目和通用措施项目。

1. 专业措施项目

《安装工程计量规范》附录N提供了安装专业工程可列的措施项目，具体见表3-3-5。

表3-3-5　专业措施项目一览表

项目编码	项目名称	工作内容及包含范围
031301001	吊装加固	（1）行车梁加固 （2）桥式起重机加固及负荷试验 （3）整体吊装临时加固件，加固设施拆除、清理
031301002	金属抱杆安装、拆除、移位	（1）安装、拆除 （2）位移 （3）吊耳制作安装 （4）拖拉坑挖埋
031301003	平台铺设、拆除	（1）场地平整 （2）基础及支墩砌筑 （3）支架型钢搭设 （4）铺设 （5）拆除、清理
031301004	顶升、提升装置	安装、拆除
031301005	大型设备专用机具	安装、拆除
031301006	焊接工艺评定	焊接、试验及结果评价

续表

项目编码	项目名称	工作内容及包含范围
031301007	胎（模）具制作、安装、拆除	制作、安装、拆除
031301008	防护棚制作、安装、拆除	制作、安装、拆除防护棚
031301009	特殊地区施工增加	高原、高寒施工防护
031301010	安装与生产同时进行施工增加	(1) 火灾防护 (2) 噪声防护
031301011	在有害身体健康环境中施工增加	(1) 有害化合物防护 (2) 粉尘防护 (3) 有害气体防护 (4) 高浓度氧气防护
031301012	工程系统检测、检验	(1) 起重机、锅炉、高压容器等特种设备安装质量监督、检验、检测 (2) 由国家或地方检测部门进行的各类检测
031301013	设备、管道施工的安全、防冻和焊接保护	保证工程施工正常进行的防冻和焊接保护
031301014	焦炉烘炉、热态工程	(1) 烘炉安装、拆除、外运 (2) 热态作业劳保消耗
031301015	管道安拆后的充气保护	充气管道安装、拆除
031301016	隧道内施工的通风、供水、供气、供电、照明及通信设施	通风、供水、供气、供电、照明及通信设施安装、拆除
031301017	脚手架搭拆	(1) 场内、场外材料搬运 (2) 拆、搭脚手架 (3) 拆除脚手架材料的堆放
031301018	其他措施	为保证工程施工正常进行所发生的费用

注：①由国家或地方检测部门进行的各类检测，指安装工程不包括的属经营服务性项目，如通电测试，防雷装置检测，安全、消防工程检测，室内空气质量检测等；②脚手架按各附录分别列项；③其他措施项目必须根据实际措施项目名称确定项目名称，明确描述工作内容及范围。

2. 通用措施项目

(1)《安装工程计量规范》提供了“通用措施项目一览表”作为各专业工程措施项目列项的参考。表 3-3-6 中所列内容是各专业工程均可列项的内容，可根据工程具体情况补充。该表中的措施项目一般不能计算工程量，以“项”为单位计量。

表 3-3-6　通用措施项目一览表

序号	项目名称
1	安全文明施工（含环境保护、文明施工、安全施工、临时设施）
2	夜间施工

续表

序号	项目名称
3	非夜间施工
4	二次搬运
5	冬雨季施工增加
6	已完工程及设备保护
7	高层施工增加

（2）通用措施项目具体内容见表 3-3-7。

表 3-3-7　通用措施项目具体内容

项目名称	具体内容
临时设施	(1) 施工现场采用彩色、定型钢板，砖、混凝土砌块等围挡的安砌、维修、拆除 (2) 施工现场临时建筑物、构筑物的搭设、维修、拆除（临时宿舍、临时仓库、加工场等） (3) 施工现场临时设施的搭设、维修、拆除（如临时供水管道、临时供电管线、小型临时设施等） (4) 施工现场规定范围内临时简易道路铺设，临时排水沟、排水设施安砌、维修、拆除 (5) 其他临时设施的搭设、维修、拆除
夜间施工增加	(1) 夜间固定照明灯具和临时可移动照明灯具的设置、拆除 (2) 夜间施工时，施工现场交通标志、安全标牌、警示灯等的设置、移动、拆除 (3) 夜间照明设备及照明用电、施工人员夜班补助、夜间施工劳动效率降低等
非夜间施工增加	(1) 在地下（暗）室、设备及大口径管道内等特殊施工部位施工时所采用的照明设备的安拆、维护及照明用电、通风等 (2) 在地下（暗）室等施工引起的人工、机械降效
高层施工增加	(1) 高层施工引起的人工、机械降效，通信联络设备的使用 (2) 单层建筑物檐口高度＞20m，多层建筑物＞6 层时，应分别列项 (3) 凸出主体建筑物顶的电梯机房、楼梯出口间、水箱间、瞭望塔、排烟机房等不计入檐口高度。计算层数时，地下室不计入层数

·典型例题·

［**例题 1 · 多选**］根据《通用安装工程工程量计算规范》（GB 50856—2013），下列措施项目清单中，属于专业措施项目的有（　　）。

A. 二次搬运

B. 平台铺设、拆除

C. 焊接工艺评定

D. 防护棚制作、安装、拆除

E. 夜间施工

［**解析**］本题考查专业措施项目。选项 B、C、D 属于专业措施项目。选项 A、E 属于通用措施项目。

［**例题 2 · 多选**］根据《通用安装工程工程量计算规范》（GB 50856—2013），下列项目中，属于通用措施项目的有（　　）。

A. 夜间施工增加　　B. 冬雨季施工增加

C. 高层施工增加　　D. 特殊地区施工增加

E. 平台铺设、拆除

［解析］本题考查通用措施项目。选项A、B、C属于通用措施项目。选项D、E属于专业措施项目。

答案：1. BCD　2. ABC

四、其他项目清单的编制

其他项目清单一般包括暂列金额、暂估价、计日工和总承包服务费等。

（一）暂列金额

（1）暂列金额是招标人在工程量清单中暂定并包括在合同价款中的一笔款项。

（2）用于工程合同签订时尚未确定或者不可预见的所需材料、工程设备、服务的采购，施工中可能发生的工程变更、合同约定调整因素出现时的合同价款调整，以及发生的索赔、现场签证确认等的费用。

➤ **提示**：暂列金额可发生，可不发生。

（二）暂估价

（1）暂估价是指招标人在工程量清单中提供的用于支付必然发生但暂时不能确定价格的材料、工程设备的单价以及专业工程的金额，包括材料暂估单价、工程设备暂估单价和专业工程暂估价。

（2）纳入分部分项工程项目清单综合单价中的暂估价应只是材料、工程设备暂估单价。

（3）专业工程暂估价一般应是综合暂估价，包括人工费、材料费、施工机具使用费、企业管理费和利润，不包括规费和税金。

➤ **提示**：暂估价必然发生，暂时不能确定价格。

（三）计日工

（1）在施工过程中，承包人完成发包人提出的工程合同范围以外的零星项目或工作，按合同中约定的单价计价的一种方式。

（2）计日工对完成零星工作所消耗的人工工日、材料数量、施工机具台班进行计量，并按照适用项目的单价进行计价支付。

（四）总承包服务费

总承包服务费是指总承包人为配合协调发包人进行的专业工程发包，对发包人自行采购的材料、工程设备等进行保管以及施工现场管理、竣工资料汇总整理等服务所需的费用。

五、规费和税金项目清单的编制

规费项目清单应按照下列内容列项：社会保险费，包括养老保险费、失业保险费、医疗保险费、工伤保险费、生育保险费；住房公积金；出现计价规范中未列的项目，应根据省级政府或省级有关权力部门的规定列项。

其他项目清单与计价汇总表见表3-3-8。

表 3-3-8　其他项目清单与计价汇总表

序号	项目名称	计量单位	金额/元	备注
1	暂列金额			
2	暂估价			
2.1	材料暂估价		—	
2.2	专业工程暂估价			
3	计日工			
4	总承包服务费			
合计				—

注：材料暂估价计入清单项目综合单价，此处不汇总。

·典型例题·

［**例题·单选**］根据《建设工程工程量清单计价规范》（GB 50500—2013），关于其他项目清单的编制和计价，下列说法正确的是（　　）。

A. 暂列金额由招标人在工程量清单中暂定

B. 暂列金额包括暂不能确定价格的材料暂估价

C. 专业工程暂估价中包括规费和税金

D. 计日工单价中不包括企业管理费和利润

［**解析**］暂估价包括暂不能确定价格的材料暂估价，选项 B 错误。专业工程暂估价不包括规费和税金，选项 C 错误。计日工单价包含企业管理费和利润，选项 D 错误。

答案：A

第四节　计算机辅助工程量计算

工程量计算是编制工程计价的基础工作，具有工作量大、烦琐、费时、细致等特点，占工程计价工作量的 50%～70%，计算的精确度和速度也直接影响着工程计价文件的质量。自动计算工程量软件内置了工程量清单计算规则，通过计算机对图形自动处理，实现工程量自动计算，可以直接按计算规则计算出工程量，全面准确体现清单项目。除算量软件外，在工程量计算方面近年来又发展了 BIM（Building Information Modeling，建筑信息模型）和云计算等更为先进的信息技术。

一、BIM

BIM 是以建筑工程项目的各项相关信息数据为基础建立的数字化建筑模型，具有可视化、协调性、模拟性、优化性和可出图形五大特点。首先，BIM 技术采用以数据为中心的协作方式，实现数据共享，大大提高了建筑行业工效；其次，能够提升建筑品质，实现绿色、模拟的设计和建造。

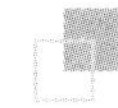

二、云计算

现代建设工程将更加注重分工的专业化、精细化和协作，一是由于建筑单体的体量大、复杂度高，其三维信息量非常巨大，在自动计算工程量时会消耗巨大的计算机资源，计算效率差；二是智能建筑、节能设施各类专业工程越来越复杂，其技术更新越来越快，可以通过协作来高速完成复杂工程的精细计量，如可以通过云技术将钢筋计量、装饰工程计量、电气工程计量、智能工程计量和幕墙工程计量等分别放入“云端”进行多方配合，协作完成。这样不仅可保证计量质量，提高计算速度，也能减少对本地资源的需求，显著提高计算效率，降低成本。

同步强化训练

一、单项选择题（每题的备选项中，只有1个最符合题意）

1. 根据《通用安装工程工程量计算规范》（GB 50856—2013）的规定，单独安装的铁壳开关、自动开关、箱式电阻器、变阻器的外部进出线预留长度应从（　　）。

A. 安装对象最远端子接口算起

B. 安装对象最近端子接口算起

C. 安装对象下端往上2/3处算起

D. 安装对象中心算起

2. 根据《通用安装工程工程量计算规范》（GB 50856—2013）的规定，下列项目以“m”为计量单位的是（　　）。

A. 碳钢通风管

B. 塑料通风管

C. 柔性软风管

D. 净化通风管

3. 根据《通用安装工程工程量计算规范》（GB 50856—2013）的规定，给排水、采暖、燃气工程计算管道工程量时，方形补偿器的长度计量方法正确的是（　　）。

A. 以所占长度列入管道工程量内

B. 以总长度列入管道工程量内

C. 列入补偿器总长度的1/2

D. 列入补偿器总长度的2/3

4. 根据《通用安装工程工程量计算规范》（GB 50856—2013）的规定，气体灭火系统中的贮存装置安装项目，包括存储器、驱动气瓶、支框架、减压装置、压力指示仪等安装，但不包括（　　）。

A. 集流阀　　B. 选择阀

C. 容器阀　　D. 单向阀

5. 根据《建设工程工程量清单计价规范》（GB 50500—2013）的规定，下列关于工程量清单项目编码的说法中，正确的是（　　）。

A. 第三级编码为分部工程顺序码，由三位数字表示

B. 第五级编码应根据拟建工程的工程量清单项目名称设置，不得重码

C. 同一标段含有多个单位工程，不同单位工程中项目特征相同的工程应采用相同编码

D. 补充项目编码以“B”加上计量规范代码后跟三位数字表示

二、多项选择题（每题的备选项中，有 2 个或 2 个以上符合题意，至少有 1 个错项）

1. 根据《通用安装工程工程量计算规范》（GB 50856—2013）的规定，风管工程计量中风管长度一律以设计图示中心线长度为准。风管长度中包括（　　）。

A. 弯头长度　　B. 三通长度

C. 天圆地方长度　　D. 部件长度

E. 变径管长度

2. 根据《通用安装工程工程量计算规范》（GB 50856—2013）的规定，消防工程工程量计量时，下列装置按“组”计算的有（　　）。

A. 消防水炮　　B. 报警装置

C. 末端试水装置　　D. 温感式水幕装置

E. 室外消火栓

3. 根据《通用安装工程工程量计算规范》（GB 50856—2013）的规定，自动报警系统调试按“系统”计算。其报警系统包括探测器、报警器、消防广播及（　　）。

A. 报警控制器　　B. 防火控制阀

C. 报警按钮　　D. 消防电话

E. 消防广播

4. 根据《通用安装工程工程量计算规范》（GB 50856—2013）的规定，给排水、采暖管道室内外界限划分正确的有（　　）。

A. 给水管以建筑物外墙皮 1.5m 为界，入口处设阀门者以阀门为界

B. 排水管以建筑物外墙皮 3m 为界，有化粪池时以化粪池为界

C. 采暖管地下引入室内以室内第一个阀门为界，地上引入室内以墙外三通为界

D. 采暖管以建筑物外墙皮 1.5m 为界，入口处设阀门者以阀门为界

E. 排水管道以出户第一个排水井为界

5. 根据《通用安装工程工程量计算规范》（GB 50856—2013）的规定，属于通用措施项目的有（　　）。

A. 在有害身体健康环境中施工增加　　B. 环境保护

C. 非夜间施工增加　　D. 高层施工增加

E. 脚手架搭拆

参考答案及解析

一、单项选择题

1. ［答案］D

［解析］单独安装的铁壳开关、自动开关、刀开关、启动器、箱式电阻器、变阻器从安装对象中心算起预留长度 0.5m。

2. ［答案］C

［解析］碳钢通风管道、净化通风管道、不锈钢板通风管道、铝板通风管道、塑料通风管道等 5 个分项工程在进行计量时，按设计图示内径尺寸以展开面积计算，计量单位为“m^2”；玻璃钢通风管道、复合型风管也是以“m^2”为计量单位，但其工程量是按设计图示外径尺寸以展开面积计算。柔性软风管的计量有两种方式：以“m”计量，按设计图示中心线以长度计算；以“节”计量，按设计图示数量计算。

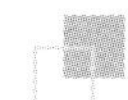

3. ［答案］A

［解析］管道工程量计算不扣除阀门、管件（包括减压器、疏水器、水表、伸缩器等组成安装）及附属构筑物所占长度；方形补偿器以其所占长度列入管道安装工程量。

4. ［答案］B

［解析］贮存装置安装，包括灭火剂存储器、驱动气瓶、支框架、集流阀、容器阀、单向阀、高压软管和安全阀等贮存装置和阀驱动装置、减压装置、压力指示仪等。

5. ［答案］B

［解析］第三级表示分部工程顺序码，由两位数表示，选项A错误。当同一标段（或合同段）的一份工程量清单中含有多个单位工程，在编制工程量清单时应特别注意对项目编码十至十二位的设置，不得有重码，选项B正确，选项C错误。补充项目的编码由计量规范的代码与“B”和三位阿拉伯数字组成，选项D错误。

二、多项选择题

1. ［答案］ABCE

［解析］风管长度一律以设计图示中心线长度为准（主管与支管以其中心线交点划分），包括弯头、三通、变径管、天圆地方等管件的长度，但不包括部件所占的长度。

2. ［答案］BCD

［解析］消防水炮按“台”计量；报警装置、温感式水幕装置按型号、规格以“组”计量；末端试水装置按规格、组装形式以“组”计量；室外消火栓以“套”计量。

3. ［答案］ACDE

［解析］自动报警系统，包括各种探测器、报警器、报警按钮、报警控制器、消防广播、消防电话等组成的报警系统；按不同点数以“系统”计算。水灭火控制装置，自动喷洒系统按水流指示器数量以“点（支路）”计算；消火栓系统按消火栓启泵按钮数量以“点”计算；消防水炮系统按水炮数量以“点”计算。

4. ［答案］ADE

［解析］给排水、采暖管道室内外界限划分：①给水管道室内外界限划分，以建筑物外墙皮1.5m为界，入口处设阀门者以阀门为界；②排水管道室内外界限划分，以出户第一个排水检查井为界；③采暖管道室内外界限划分，以建筑物外墙皮1.5m为界，入口处设阀门者以阀门为界；④燃气管道室内外界限划分，地下引入室内的管道以室内第一个阀门为界，地上引入室内的管道以墙外三通为界。

5. ［答案］BCD

［解析］本题考查通用措施项目。选项B、C、D属于通用措施项目。选项A、E属于专业措施项目。

第四章
安装工程计价

第四章共7节，包括安装工程施工图预算的编制、预算定额、费用定额、最高投标限价、投标报价的编制、价款结算和合同价款的调整、竣工决算价款的编制七部分内容。通过学习本章，应考人员应掌握安装工程计量与计价依据、工程量计算规则以及工程量清单编制方法；安装工程预算定额及费用标准的分类、适用范围、调整与应用；编制安装工程最高投标限价、投标报价、工程价款结算和合同价款调整；了解竣工决算的编制依据和内容。

知识脉络

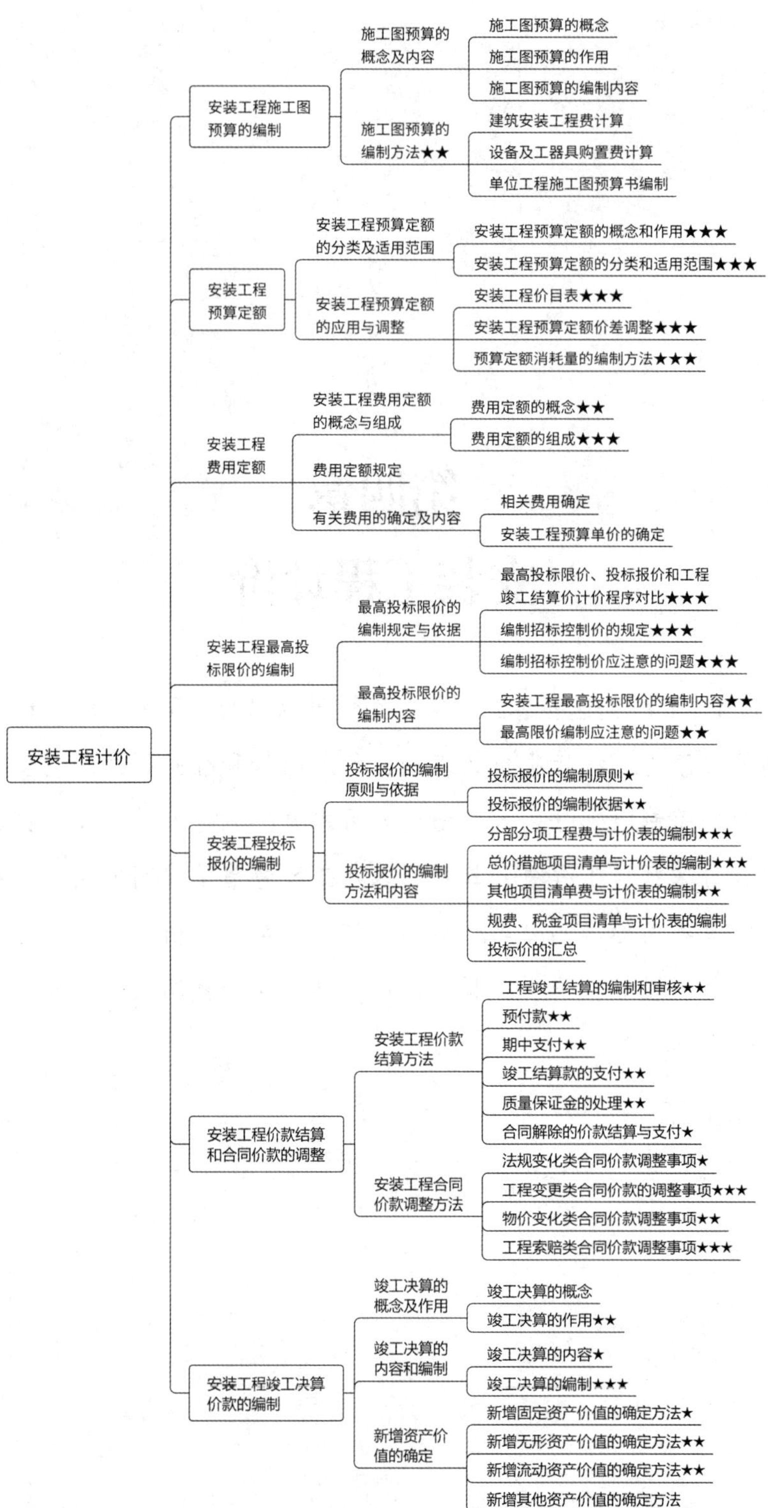
安装工程计价
安装工程施工图预算的编制
施工图预算的概念及内容
施工图预算的概念
施工图预算的作用
施工图预算的编制内容
施工图预算的编制方法★★
建筑安装工程费计算
设备及工器具购置费计算
单位工程施工图预算书编制
安装工程预算定额
安装工程预算定额的分类及适用范围
安装工程预算定额的概念和作用★★★
安装工程预算定额的分类和适用范围★★★
安装工程预算定额的应用与调整
安装工程价目表★★★
安装工程预算定额价差调整★★★
预算定额消耗量的编制方法★★★
安装工程费用定额
安装工程费用定额的概念与组成
费用定额的概念★★
费用定额的组成★★★
费用定额规定
有关费用的确定及内容
相关费用确定
安装工程预算单价的确定
安装工程最高投标限价的编制
最高投标限价的编制规定与依据
最高投标限价、投标报价和工程竣工结算价计价程序对比★★★
编制招标控制价的规定★★★
编制招标控制价应注意的问题★★★
最高投标限价的编制内容
安装工程最高投标限价的编制内容★★
最高限价编制应注意的问题★★
安装工程投标报价的编制
投标报价的编制原则与依据
投标报价的编制原则★
投标报价的编制依据★★
投标报价的编制方法和内容
分部分项工程费与计价表的编制★★★
总价措施项目清单与计价表的编制★★★
其他项目清单费与计价表的编制★★
规费、税金项目清单与计价表的编制
投标价的汇总
安装工程价款结算和合同价款的调整
安装工程价款结算方法
工程竣工结算的编制和审核★★
预付款★★
期中支付★★
竣工结算款的支付★★
质量保证金的处理★★
合同解除的价款结算与支付★
安装工程合同价款调整方法
法规变化类合同价款调整事项★
工程变更类合同价款的调整事项★★★
物价变化类合同价款调整事项★★
工程索赔类合同价款调整事项★★★
安装工程竣工决算价款的编制
竣工决算的概念及作用
竣工决算的概念
竣工决算的作用★★
竣工决算的内容和编制
竣工决算的内容★
竣工决算的编制★★★
新增资产价值的确定
新增固定资产价值的确定方法★
新增无形资产价值的确定方法★★
新增流动资产价值的确定方法★★
新增其他资产价值的确定方法

第一节　安装工程施工图预算的编制

一、施工图预算的概念及内容

（一）施工图预算的概念

施工图预算是指根据施工图、预算定额、各项取费标准、建设地区的自然及技术经济条件等资料编制的建筑安装工程预算造价文件。

施工图预算是以施工图设计文件为依据，根据预算定额，按照相应的取费标准、规定的程序、方法和依据，在工程施工前对工程项目的工程费用进行的预测的造价文件，即施工图预算书。

（二）施工图预算的作用

1. 施工图预算对建设单位的作用

（1）施工图预算是设计阶段控制工程造价的重要依据，是控制工程投资不突破设计概算的重要措施。

（2）施工图预算是资金合理使用的、控制工程造价依据。

（3）施工图预算是确定工程招标控制价（标底）的依据。

（4）施工图预算是确定合同价款、拨付工程进度款及办理工程结算的依据。

2. 施工图预算对施工单位的作用

（1）施工图预算是施工单位投标报价的基础。

（2）施工图预算是施工单位工程预算包干的依据和签订施工合同的主要内容。

（3）施工图预算是施工单位安排调配施工力量、组织材料设备供应的依据。

（4）施工图预算是施工单位控制工程成本的依据。

（5）施工图预算是施工单位进行“两算”对比的依据。

·典型例题·

［**例题·单选**］关于施工图预算的作用，下列说法中正确的是（　　）。

A. 施工图预算可以作为业主拨付工程进度款的基础

B. 施工图预算是工程造价管理部门制定招标控制价的依据

C. 施工图预算是业主方进行施工图预算与施工预算“两算”对比的依据

D. 施工图预算是施工单位安排建筑资金计划的依据

［**解析**］施工图预算对投资方来说，可以作为确定合同价款、拨付工程进度款及办理工程结算的基础。

答案：A

（三）施工图预算的编制内容

1. 施工图预算文件的组成

施工图预算由建设项目总预算、单项工程综合预算、单位工程预算组成。建设项目总预算由单项工程综合预算汇总而成，单项工程综合预算由组成本单项工程的各单位工程预算汇总而成，单位工程预算包括建筑工程预算和设备及安装工程预算。施工图预算的编制形式见表4-1-1。

第四章

表 4-1-1　施工图预算的编制形式

编制依据	编制形式	组成形式	工程预算文件
建设项目有多个单项工程	三级预算	建设项目总预算、单项工程综合预算、单位工程预算	封面、签署页及目录、编制说明、总预算表、综合预算表、单位工程预算表、附件
建设项目只有一个单项工程	二级预算	建设项目总预算、单位工程预算	封面、签署页及目录、编制说明、总预算表、单位工程预算表、附件

·典型例题·

［**例题·单选**］关于建设工程预算，符合组合与分解层次关系的是（　　）。

A. 单位工程预算、单位工程综合预算、类似工程预算

B. 单位工程预算、类似工程预算、建设项目总预算

C. 单位工程预算、单项工程综合预算、建设项目总预算

D. 单位工程综合预算、类似工程预算、建设项目总预算

［**解析**］当建设项目有多个单项工程时，应采用三级预算编制形式，三级预算编制形式由建设项目总预算、单项工程综合预算、单位工程预算组成。

答案：C

2. 施工图预算的内容

施工图预算的内容见表 4-1-2。

表 4-1-2　施工图预算的内容

类型	内容
建设项目总预算	建筑安装工程费、设备及工器具购置费、工程建设其他费用、预备费、建设期利息及铺底流动资金
单项工程综合预算	建筑安装工程费、设备及工器具购置费
单位工程预算	单位建筑工程预算、单位设备及安装工程预算

二、施工图预算的编制方法

（一）建筑安装工程费计算

单位工程施工图预算中的建筑安装工程费应根据施工图设计文件、预算定额（或综合单价）以及人工、材料及施工机械台班等价格资料进行计算。在设计阶段，采用单价法编制；招标及施工阶段为基于工程量清单的综合单价法编制。设计阶段的单价法，又可分为工料单价法和全费用综合单价法。两者的计算程序见图 4-1-1。

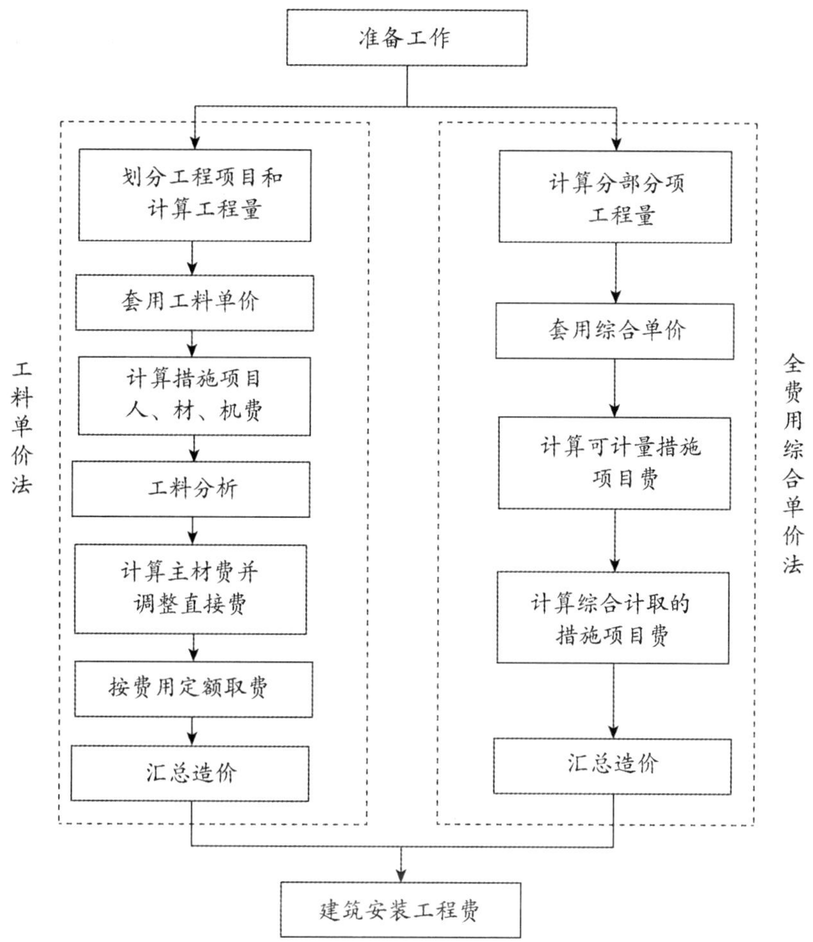

图 4-1-1 施工图预算中建筑安装工程费的计算程序

1. 工料单价法

（1）工料单价法是指分部分项工程及措施费的单价为工料单价，将子项工程量乘以对应工料单价后的合计作为直接费，直接费汇总后，再根据规定的计算方法计取企业管理费、利润、规费和税金，将上述费用汇总后得到该单位工程的施工图预算造价。

（2）具体计算公式：

建筑安装工程预算造价＝∑（子目工程量×子目工料单价）＋企业管理费＋利润＋规费＋税金

（3）工料单价法中的单价一般采用地区同一单位估价表中的各子目工料单价（定额基价）。

（4）工料单价法编制施工图预算的步骤及工作内容见表 4-1-3。

表 4-1-3 工料单价法编制施工图预算的步骤及工作内容

步骤	工作内容
准备工作	（1）收集编制施工图预算的编制依据。其中主要包括现行建筑安装定额、取费标准、工程量计算规则、地区材料预算价格以及市场材料价格等各种资料 （2）熟悉施工图等基础资料 （3）了解施工组织设计和施工现场情况

续表

步骤	工作内容
列项并计算工程量	(1) 分项子目的工程量应遵循一定的顺序逐项计算，避免漏算和重算 (2) 根据工程内容和定额项目，列出需计算工程量的分部分项工程 (3) 根据一定的计算顺序和计算规则，列出分部分项工程量的计算式 (4) 根据施工图纸上的设计尺寸及有关数据，代入计算式进行数值计算 (5) 对计算结果的计量单位进行调整，使之与定额中相应的分部分项工程的计量单位保持一致
套用定额预算单价，计算人、材、机费	(1) 分项工程的名称、规格、计量单位与预算单价或单位估价表中所列内容完全一致时，可以直接套用预算单价 (2) 分项工程的主要材料品种与预算单价或单位估价表中规定材料不一致时，不可以直接套用预算单价，需要按实际使用材料价格换算预算单价 (3) 分项工程施工工艺条件与预算单价或单位估价表不一致而造成人工、机械的数量增减时，一般调量不调价
计算直接费	直接费为分部分项工程人、材、机费与措施项目人、材、机费之和： (1) 可以计量的措施项目人、材、机费 (2) 综合计取的措施项目人、材、机费
编制工料分析表	(1) 人工消耗量＝某工种定额用工量×某分项工程量或措施项目工程量 (2) 材料消耗量＝某种材料定额用量×某分项工程量或措施项目工程量 (3) 分部分项工程工料分析表具体编制格式见表 4-1-4
计算主材费并调整直接费	(1) 许多定额项目基价未包括主材费用，所以还应将主材费的价差加入直接费 (2) 主材费计算的依据是当时当地的市场价格
按计价程序计取其他费用，并汇总造价	根据规定的税率、费率和相应的计取基础，分别计算企业管理费、利润、规费和税金。将上述费用累计后与直接费进行汇总，求出建筑安装工程预算造价
复核	对项目填列、工程量计算公式、计算结果、套用单价、取费费率、数字计算结果、数据精确度等进行全面复核，及时发现差错并修改，以保证预算的准确性
填写封面、编制说明	—

表 4-1-4　分部分项工程工料分析表

项目名称：　　　　　　编号：

序号	定额编号	分部（项）工程名称	单位	工程量	人工/工日	主要材料			其他材料费/元
						材料 1	材料 2	……	

编制人：

·典型例题·

［**例题·单选**］工料单价法编制施工图预算的工作有：①计算主材料；②套用工料单价；③计算措施项目人、材、机费用；④划分工程项目和计算工程量；⑤进行工料分析。下列工作排序正确的是（　　）。

A. ④②⑤①③　　　　B. ④⑤①②③

C. ②④⑤①③　　　　D. ④②③⑤①

［**解析**］工料单价法编制施工图预算的工作有：①准备工作；②列项并计算工程量；③套用定额预算单价；④计算直接费；⑤编制工料分析表；⑥计算主材费并调整直接费；⑦按计价程序计取其他费用。

答案：D

2. 全费用综合单价法

与工料单价法大体相同，直接采用包含全部费用和税金在内的综合单价进行计算，其目的是适应全过程全费用单价计价的需要。

全费用综合单价法编制施工图预算的基本步骤及内容见表 4-1-5。

表 4-1-5　全费用综合单价法编制施工图预算的基本步骤及内容

基本步骤	内容
分部分项工程费的计算	各子目的工程量（定额工程量计算规则）×各子目的综合单价（人、材、机、管、利、规、税）
综合单价的计算	(1) 人、材、机费用根据相应预算定额子目的要素消耗量，以及报告编制期人、材、机的市场价格 (2) 管理费、利润、规费、税金依据取费标准，并考虑实际情况、市场水平 (3) 编制建筑安装工程预算时应同时编制综合单价分析表（消耗量为预算定额消耗量，单价为报告编制期的市场价）
措施项目费的计算	(1) 可以计量的措施项目人、材、机费 (2) 综合计取的措施项目人、材、机费
分部分项工程费与措施项目费之和即为建筑安装工程施工图预算费用	

（二）设备及工器具购置费计算

设备购置费由设备原价和设备运杂费构成；未达到固定资产标准的工器具购置费以设备购置费为计算基数，按照规定的费率计算。

（三）单位工程施工图预算书编制

单位工程施工图预算由建筑安装工程费和设备及工器具购置费组成，即：

单位工程施工图预算＝建筑安装工程预算＋设备及工器具购置费

单位工程施工图预算文件由单位建筑工程施工图预算表和单位设备及安装工程预算表组成。

·典型例题·

［**例题1·单选**］用全费用综合单价法编制施工图预算，下列建筑安装工程施工图预算费计算式正确的是（　　）。

A. ∑（子目工程量×子目工料单价）＋企业管理费＋利润＋规费＋税金

B. Σ（分部分项工程量×分部分项工程全费用综合单价）

C. 分部分项工程费＋措施项目费

D. 分部分项工程费＋措施项目费＋其他项目费＋规费＋税金

［**解析**］分部分项工程费与措施项目费之和即为建筑安装工程施工图预算费用。

［**例题 2・多选**］采用全费用综合单价法编制施工图预算，下列说法中正确的有（　　）。

A. 计算直接费后应编制工料分析表

B. 全费用综合单价中应包括规费和税金

C. 综合计取的措施项目费以分部分项工程费和可计量的措施项目费之和为基数计算

D. 编制综合单价分析表时，工料机消耗量与单价均应来自预算定额

E. 分部分项工程量与措施项目费之和即为建筑安装工程施工图预算费用

［**解析**］选项 A，计算直接费后编制工料分析表是属于工料单价法编制施工图预算的步骤。选项 D，各子目综合单价的计算可通过预算定额及其配套的费用定额确定。其中人工费、材料费、机具费应根据相应的预算定额子目的人、材、机要素消耗量，以及报告编制期人、材、机的市场价格（不含增值税进项税额）等因素确定。选项 E，分部分项工程费与措施项目费之和即为建筑安装工程施工图预算费用。

答案：1. C　2. BC

第二节　安装工程预算定额

一、安装工程预算定额的分类及适用范围

（一）安装工程预算定额的概念和作用

1. 安装工程预算定额的概念

预算定额，是在正常的施工条件下，完成一定计量单位合格分项工程和结构构件所需消耗的人工、材料、机械台班数量及其相应费用标准。

2. 安装工程预算定额的作用

（1）预算定额是编制施工图预算、确定建筑安装工程造价的基础。

（2）预算定额是编制施工组织设计的依据。

（3）预算定额是工程结算的依据。

（4）预算定额是施工单位进行经济活动分析的依据。

（5）预算定额是编制概算定额的基础。

（6）预算定额是合理编制招标控制价、投标报价的基础。

（二）安装工程预算定额的分类和适用范围

安装工程预算定额的分类和适用范围见表 4-2-1。

第四章

表 4-2-1　安装工程预算定额的分类和适用范围

分类依据	具体内容	适用范围
按专业性质	(1) 建筑工程预算定额和安装工程预算定额 (2) 安装工程定额按专业对象分为电气设备安装工程预算定额、机械设备安装工程预算定额、通信设备安装工程预算定额、化学工业设备安装工程预算定额、工业管道安装工程预算定额、工艺金属结构安装工程预算定额及热力设备安装工程预算定额	适用于编制施工图预算、进行工程招标、国有投资工程编制标底或最高投标限价（招标控制价）、签订工程施工承包合同、拨付工程款及办理竣工结算
按管理权限	全国统一定额、行业统一定额、地区统一定额和企业定额	
按物资要素	劳动消耗定额、机械台班消耗定额和材料消耗定额	

二、安装工程预算定额的应用与调整

(一) 安装工程价目表

安装工程价目表是以安装工程消耗量定额的各类消耗量为依据，计入现行的人工、材料、施工机械或仪器仪表台班单价后，形成的与安装工程消耗量定额相对应的工料单价表。其具体的单价确定见表 4-2-2。

表 4-2-2　安装工程价目表单价确定

类型	定义	计算公式
人工费单价	一个建筑安装工人在一个工作日内，在预算中应计入的全部人工费	定额人工费单价＝基本工资＋辅助工资＋工资性质津贴＋劳动保护费
材料（设备）预算单价	定额材料（设备）预算单价包括材料（设备）原价、运杂费、运输损耗费、采购及保管费	材料（设备）单价＝［材料（设备）原价＋运杂费］×(1＋材料运输损耗率)×(1＋材料保管费率) 备注：材料采购及保管费按材料市场价格的2%计算
施工机械台班单价	施工作业所发生的施工机械、施工仪器仪表的使用费或其租赁费	机械费＝施工机械台班单价（折旧费＋检修费＋维护费＋安拆费及场外运费＋人工费＋燃料动力费＋其他费）＋施工仪器仪表台班单价（折旧费＋维护费＋校验费＋动力费）
安装工程预算单价	预算定额单价是预算定额中子目三项消耗量（人工、材料及机械）在定额编制中心地区的货币形态表现	预算分项工程的定额单价＝人工费＋材料费＋机械费 (1) 人工费＝Σ（定额人工消耗量×人工工资单价） (2) 材料费＝Σ（定额材料消耗量×材料预算单价） (3) 机械费＝Σ（定额机械与施工仪器仪表台班消耗量×施工机械费单价）
	备注：(1) 上式材料费中的定额材料消耗量，是指辅助材料消耗量，不包括主要材料，主要材料费应另行计算 (2) 在计算所需设备安装时，只能计算安装费，其购置费另行计算，而材料经过现场加工并安装成产品时，不但要计算安装费，还要计算其消耗的材料价值 (3) 定额单价中，未计算构成工程实体的主要材料的价值，其价值由定额执行地区按照当地材料单价进行计算，然后计入工程造价 (4) 主要材料数量计算： 1) 某项主要材料数量＝工程量×某项主要材料定额消耗量 2) 某项主要材料费＝某项主要材料数量×市场单价	

例如，表 4-2-3 中，第四册定额编号（定额子目）4－25 表示 4 回路配电箱落地安装，计量单位为“台”；工作内容主要包括配电箱落地安装施工工序和施工内容，材料表中没有配电箱消耗量和单价（主要是垫铁、螺母和垫片等辅助安装材料），实际工程中应计入配电箱的市场价，配电箱设备的消耗量为 1 台。

表 4-2-3　配电箱落地安装

工作内容：开箱、清扫、检查、测位、画线、钻孔、装螺栓、本体安装、盘内整理、接线、接地、补漆等。

（单位：台）

定额编号					4－25	4－26	4－27	4－28	4－29	4－30
项目					规格（回路以内）					
					4	8	16	24	32	48
预算单价/元					356.53	377.83	412.37	453.51	490.83	569.08
其中	人工费/元				175.74	193.29	226.50	262.46	298.35	370.20
	材料费/元				122.92	125.97	125.97	129.71	129.71	133.23
	机械费/元				57.87	58.57	59.90	61.34	62.77	65.65
名称			单位	单价/元	数量					
人工	870005	综合工日	工日	78.70	2.233	2.456	2.878	3.335	3.791	4.704
材料	090174	垫铁	kg	3.80	0.300 0	0.300 0	0.300 0	0.300 0	0.300 0	0.3000
	010023	镀锌扁钢	kg	5.22	1.500 0	1.500 0	1.500 0	1.500 0	1.500 0	1.500 0
	120080	塑料软管	kg	7.99	0.300 0	0.300 0	0.300 0	0.300 0	0.300 0	0.300 0
	090125	镀锌带母螺栓 10×（40～60）	套	0.64	6.120 0	6.120 0	6.120 0	6.120 0	6.120 0	6.120 0
	090030	镀锌垫圈 10	个	0.11	12.240 0	12.240 0	12.240 0	12.240 0	12.240 0	12.240 0

另外，工程某些项目可以用不同品种、不同规格和型号的材料制作安装后达到设计目的和要求，这时定额不可能一一列全，所以也需要将其作为未计价材料。

（二）安装工程预算定额价差调整

安装工程预算定额价差调整方法和内容见表 4-2-4。

表 4-2-4　安装工程预算定额价差调整方法和内容

调整方法	主要内容
预算定额直接套用	工程项目的设计要求、做法说明、技术特征和施工方法等与定额内容完全相符、以直接套用预算定额。需注意以下几点： （1）根据施工图纸、设计说明、标准做法说明，选择预算定额项目 （2）对每个分项工程的内容、技术特征、施工方法进行仔细核对，确定与之相对的预算定额项目 （3）每个分项工程的名称、工作内容、计量单位应与定额项目一致（单位不一致时注意工程量的处理）
预算定额的换算	工程做法要求与定额内容不完全相符，而定额又规定允许调整换算的项目，应根据不同情况进行调整换算。分以下几种情况： （1）系数换算。施工条件和方法不同，某些项目可以乘以系数进行换算。换算系数分定额系数和工程量系数。定额系数是指人工、材料、机械等乘以系数；工程量系数是用在计算工程量上 （2）用量换算。定额与实际消耗量不同时，允许调整其消耗数量，如龙骨不同可以换算等。换算时需要考虑损耗量，因定额中已考虑了损耗，与定额比较也必须考虑损耗，才有可比性
	换算后的用量＝工程量×（定额用量±人工、材料、机械用量）

续表

调整方法	主要内容
消耗量定额的补充	当设计图纸中的项目在定额中没有的，可以作临时性的补充： (1) 定额代换法。利用性质相似、材料大致相同、施工方法又很接近的定额项目，将类似项目分解套用或考虑（估算）一定系数调整使用 (2) 定额编制法。材料用量按图纸的构造做法及相应的计算公式计算，并加入规定的损耗率。人工及机械台班使用量，可按劳动定额、机械台班使用定额计算，材料用量按实际确定或经有关技术和定额人员讨论确定。然后乘以人工日工资单价、材料预算价格和机械台班单价，即得到补充定额基价
工料机分析及价差调整	(1) 工料分析。计算公式： 单位工程某种人工、材料、机械消耗量＝∑（各分项工程工程量×定额消耗量） (2) 工料机价差的调整。预算定额基价中的人工费、材料费、机械使用费是根据编制定额所在地区当时的预算价格确定的，而人工、材料、机械的实际价格随着时间的变化会发生变化，计算工程造价时，实际价格与预算价格会存在差额

（三）预算定额消耗量的编制方法

确定预算定额人工、材料、机械台班消耗指标时，必须先按施工定额的分项逐项计算出消耗指标，再按预算定额的项目加以综合。并且，在综合过程中增加两种定额之间的适当的水平差。

1. 预算定额中人工工日消耗量的计算

预算定额中人工工日消耗量是由分项工程所综合的各个工序劳动定额中包括的基本用工、其他用工两部分组成的，见表 4-2-5。

表 4-2-5　预算定额中人工工日消耗量及内容

预算定额中人工工日消耗量	内容
基本用工 （所必需消耗的技术工种用工）	完成定额计量单位的主要用工
	按劳动定额规定应增（减）计算的用工量
其他用工 （辅助基本用工消耗的工日）	超运距用工
	辅助用工
	人工幅度差

（1）基本用工。

1）完成定额计量的主要用工。

基本用工＝∑（综合取定的工程量×劳动定额）

2）按劳动定额规定应增（减）计算的用工量。

（2）其他用工。

1）超运距用工。超运距是指劳动定额中已包括的材料、半成品场内水平搬运距离与预算定额所考虑的现场材料、半成品堆放地点到操作地点的水平运距之差。实际工程现场运距超过预算定额取定运距时，可另行计算现场二次搬运费。

超运距＝预算定额取定运距－劳动定额已包括的运距

超运距用工＝∑（超运距材料数量×时间定额）

实际工程现场运距超过预算定额取定运距时，另行计算现场二次搬运费。

2）辅助用工。辅助用工指技术工种劳动定额内不包括而在预算定额内又必须考虑的用工。机械施工为主，人工只起辅助作用。

辅助用工＝∑（材料加工数量×相应的加工劳动定额）

3）人工幅度差。人工幅度差即预算定额与劳动定额的差额，主要是指在劳动定额中未包括而在正常施工情况下不可避免但又很难准确计量的用工和各种工时损失。内容包括：①各工种间的工序搭接及交叉作业相互配合或影响所发生的停歇用工；②施工过程中，移动临时水电线路而造成的影响工人操作的时间；③工程质量检查和隐蔽工程验收工作而影响工人操作的时间；④同一现场内单位工程之间因操作地点转移而影响工人操作的时间；⑤工序交接时对前一工序不可避免的修整用工；⑥施工中不可避免的其他零星用工。人工幅度差计算如下，其中人工幅度差系数一般为10%～15%。

人工幅度差＝（基本用工＋辅助用工＋超运距用工）×人工幅度差系数

2. 预算定额中材料消耗量的计算

材料损耗量，是指在正常条件下不可避免的材料损耗，如现场内材料运输及施工操作过程中的损耗等。

$$材料损耗率=\frac{材料损耗量}{材料净用量}\times 100\%$$

材料消耗量＝材料净用量＋损耗量

材料消耗量＝材料净用量×［1＋损耗率（%）］

3. 预算定额中机械台班消耗量的计算

（1）根据施工定额确定机械台班消耗量的计算，是指用施工定额中机械台班产量加机械幅度差计算预算定额的机械台班消耗量。

（2）机械台班幅度差是指在施工定额中所规定的范围内没有包括，而实际施工中又不可避免产生的影响机械或使机械停歇的时间。内容包括：

1）施工机械转移工作面及配套机械相互影响损失的时间。

2）在正常施工条件下，机械在施工中不可避免的工序间歇。

3）工程开工或收尾时工作量不饱满所损失的时间。

4）检查工程质量影响机械操作的时间。

5）临时停机、停电影响机械操作的时间。

6）机械维修引起的停歇时间。

预算定额机械耗用台班＝施工定额机械耗用台班×（1＋机械幅度差系数）

（3）以现场测定资料为基础确定机械台班消耗量。

［例题1］已知某省定额规定通风空调工程木风口、碳钢风口、玻璃钢风口安装，执行铝合金风口的相应定额，人工乘以系数1.2。现有木质百叶风口400×320安装，试求该风口的安装费及其人工费、机械费。采用定额项目见表4-2-6。

表4-2-6　铝合金风口安装

工作内容：对口、上螺栓、制垫、加垫、找正、找平、固定、试动、调整　　　　计量单位：个

定额编号	7－3－42	7－3－43	7－3－44	7－3－45	7－3－46
项目	百叶风口（周长mm）				
	≤900	≤1 280	＜1 800	＜2 500	＜3 500
基价/元	12.90	16.41	28.00	33.54	39.04

第四章

续表

定额编号				7-3-42	7-3-43	7-3-44	7-3-45	7-3-46
其中	人工费/元			9.72	12.56	22.68	26.19	29.57
	材料费/元			3.06	3.73	5.20	7.23	9.35
	机械费/元			0.12	0.12	0.12	0.12	0.12
名称		单位	单价/元	消耗量				
人工	二类人工	工日	135.00	0.072	0.093	0.168	0.194	0.219
材料	铝合金百叶风口	个	—	(1.000)	(1.000)	(1.000)	(1.000)	(1.000)
	扁钢 Q235B 综合	kg	3.95	0.549	0.720	1.017	1.413	1.863
	六角带帽螺栓 M2-5×4-20	10套	1.47	0.600	0.600	0.800	1.110	1.341
机器	台式钻床 16mm	台班	3.90	0.030	0.030	0.030	0.030	0.030

［解析］套用定额 7-3-44 换，基价＝22.68×1.2＋5.2＋0.12＝32.54（元）。其中人工费＝22.68×1.2＝27.22（元），机械费＝0.12（元）。

［例题 2］已知定额规定，设置于管道井、封闭式管廊内的管道、法兰、阀门、支架、水表，相应定额人工费乘以系数 1.20。某项工程在管道井内安装生活给水 PPR 管（热熔连接）*DN*15（主材除税单价 5.5 元/m）。试求该风口的安装费及其人工费、机械费、材料费。应用定额见表 4-2-7。

表 4-2-7　室内塑料给水管（热熔连接）

工作内容：留堵洞眼、切管、组对、预热、熔接，管道及管件安装，水压试验及水冲洗、塑料管夹安装　　　　计量单位：10m

定额编号				10-1-229	10-1-230	10-1-231	10-1-232	10-1-233	10-1-234
项目				公称直径（mm 以内）					
				15	20	25	32	40	50
基价/元				85.73	95.93	114.92	133.86	174.93	215.99
其中	人工费/元			62.24	69.93	77.76	93.29	114.21	117.32
	材料费/元			22.42	24.93	36.09	39.48	59.63	96.83
	机械费/元			1.07	1.07	1.07	1.09	1.09	1.84
名称		单位	单价/元	消耗量					
人工	二类人工	工日	135.00	0.461	0.518	0.576	0.691	0.846	0.869
材料	塑料给水管	m	—	(10.160)	(10.160)	(10.160)	(10.160)	(10.160)	(10.160)
	室内塑料给水管热熔管件 *DN*15	个	0.98	15.200	—	—	—	—	—
	室内塑料给水管热熔管件 *DN*20	个	1.48	—	12.250	—	—	—	—
	室内塑料给水管热熔管件 *DN*25	个	2.68	—	—	10.810	—	—	—
	室内塑料给水管热熔管件 *DN*32	个	3.72	—	—	—	8.870	—	—
	室内塑料给水管热熔管件 *DN*40	个	7.45	—	—	—	—	7.420	—
	室内塑料给水管热熔管件 *DN*50	个	13.97	—	—	—	—	—	6.590
	锯条（各种规格）	根	0.66	0.120	0.144	0.183	0.225	0.268	0.326
	水	m^3	4.27	0.008	0.014	0.023	0.040	0.053	0.088
	扣座以及码钉 *DN*15～32	个	0.84	6.000	5.000	5.000	4.000	—	—
	其他材料费	元	1.00	2.37	2.45	2.70	2.80	3.95	4.18
机械	热熔焊机 160mm	台班	17.98	—	—	—	—	—	0.100
	试压泵 3MPa	台班	18.64	0.001	0.001	0.001	0.002	0.002	0.002
	其他机械费	元	1.00	1.05	1.05	1.05	1.05	1.05	—

第四章

[解析] 套用定额 10-1-229 换，基价＝62.24×1.2＋1.07＋22.42＝98.18（元）。其中，人工费＝62.24×1.2＝74.69（元），机械费＝1.07（元），材料费＝10.16×5.5＋22.42＝78.30（元）。

·典型例题·

[例题 1·单选] 在计算预算定额人工工日消耗量时，包含在人工幅度差内的用工是（　　）。

A. 超运距用工

B. 材料加工用工

C. 机械土方工程的配合用工

D. 工种交叉作业相互影响的停歇用工

[解析] 人工幅度差内容包括：①各工种间的工序搭接及交叉作业相互配合或影响所发生的停歇用工；②施工过程中，移动临时水电线路而造成的影响工人操作的时间；③工程质量检查和隐蔽工程验收工作而影响工人操作的时间；④同一现场内单位工程之间因操作地点转移而影响工人操作的时间；⑤工序交接时对前一工序不可避免的修整用工；⑥施工中不可避免的其他零星用工。

[例题 2·单选] 完成某分部分项工程 $1m^3$ 需基本用工 0.5 工日，超运距用工 0.05 工日，辅助用工 0.1 工日，如人工幅度差系数为 10%，则该工程预算定额人工工日消耗量为（　　）工日/$10m^3$。

A. 6.05　　B. 5.85

C. 7.00　　D. 7.15

[解析] 人工消耗量＝（基本用工＋辅助用工＋超运距用工）×（1＋人工幅度差系数）＝（0.5＋0.05＋0.1）×（1＋10%）＝0.715（工日/m^3）＝7.15（工日/$10m^3$）。

答案：1.D　2.D

第三节　安装工程费用定额

一、安装工程费用定额的概念与组成

（一）费用定额的概念

费用定额是规定各有关工程费用的取费标准，包括取费的基础和取费的费率。一般以某个或多个自变量为计算基础，反映各项费用的百分率。其主要包括措施费费用定额、管理费费用定额、规费费用定额等。

（二）费用定额的组成

费用定额的组成及含义见表 4-3-1。

表 4-3-1　费用定额的组成及含义

组成类别	费用含义	费用定额
措施费 费用定额	措施费是指为完成工程项目施工，发生于该工程施工准备和施工过程中的技术、生活、安全、环境保护等方面的项目而发生的费用	措施费费用定额主要是指通过取费来计取的措施项目的取费标准，如夜间施工费、二次搬运费、冬雨期施工增加费、已完工程及设备保护费等费率。（安装工程专业措施项目，如脚手架、钢平台铺设、拆除等采用同分部分项工程费用同样的方法计算）
企业管理费 费用定额	企业管理费是指建筑安装企业组织施工生产和经营管理所需费用	企业管理费费用定额由施工企业根据自己的经营管理水平和市场竞争情况等因素综合确定
规费 费用定额	规费是政府和有关权力部门规定必须缴纳的费用，包括社会保障费、住房公积金、工伤保险等	规费费用定额由国家或地区相关政府主管部门测定和发布

二、费用定额规定

建筑安装工程费用项目由分部分项工程费、措施项目费、其他项目费、规费、税金组成。其中，分部分项工程费、措施项目费、其他项目费包含了人工费、材料费、施工机具使用费、企业管理费和利润。

由于分部分项工程费、单价措施项目费已按照工程量计算规范计算了工程量，并根据计价定额、企业定额或市场状况等计价依据计算出综合单价，完成了工程计价过程。所以费用标准主要给出总价措施项目费、其他项目费、规费和税金的计算方法以及相应的计价费率。

三、有关费用的确定及内容

（一）相关费用确定

（1）材料费：材料（设备）原价、运杂费、运输损耗费、采购及保管费。

（2）企业管理费：建筑安装企业组织施工生产和经营管理所需的费用。

（3）规费：包括养老保险费、失业保险费、医疗保险费、工伤保险费、生育保险费；不得低于建设行政部门颁布的费率标准，应单独列出，不得作为竞争性费用。

（4）总承包服务费：包括施工现场的配合、协调、竣工资料汇总，为专业工程施工提供现有施工设施的使用。

建设单位另行发包专业工程的两种服务形式：①总承包人为建设单位提供现场配合、协调及竣工资料汇总等有偿服务。②总承包人既为建设单位提供现场配合、协调、服务，又为专业工程承包人提供现有施工设施的使用。如现场办公场所、水电、道路、脚手架、垂直运输及竣工资料汇总等服务内容。对建设单位自行供应材料（设备）的服务材料（设备）价格计算按照材料（设备）预算价格计入基价中。结算时，承包人按材料（设备）预算价格的99%返还建设单位。不再计取总承包服务费。

（5）安装工程措施项目费用内容及计算，主要有脚手架使用费、超高降效增加费、高层建筑施工增加费、安全与生产同时进行增加费、在有害身体健康的环境中施工增加费及安全文明施工费。

安全文明施工费不得低于建设行政部门颁布的费率标准，应单独列出，不得作为竞争性费用。

（二）安装工程预算单价的确定

定额项目预算单价=人工费+材料费+机械台班费人工费=$\sum$（定额人工消耗量×人工单价）

机械费=$\sum$（定额机械台班消耗量×施工机械台班单价）

材料费=$\sum$（定额材料消耗量×材料预算单价）

定额材料消耗量包括主要材料和辅助材料消耗量。当主要材料未计入材料单价时，主要材料（未计价材料）费应另行计算。

1. 定额未计价材料

在定额编制中，将消耗的辅助材料或次要材料价值计入定额预算单价中，称为计价材料。而构成工程实体的设备或主要材料，在价目表中只规定了它的名称、规格、品种和消耗数量，预算单价中未计算它的价值，定额中用（）表示，其价值由定额执行地区按照当地材料市场价格进行计算，然后计入工程造价，称为未计价材料。工程某些项目可以用不同品种、不同规格和型号的材料制作安装后达到设计目的和要求，定额不可能一一列全，所以也需要将其作为未计价材料。

某项未计价材料数量=工程量×某项未计价材料定额消耗量

某项未计价材料费(主材费)=某项未计价材料数量×市场价格

设备安装只能计算安装费和安装时所需零星材料费，而材料经过现场加工制作并安装成产品时，不但要计算安装费，还要计算其消耗的材料价值。

2. 未计价设备

某项未计价设备数量=工程量

某项未计价设备费=工程量×市场单价

［例题 1］某电气工程配电箱落地安装，预算定额见表 4-3-2，施工期调查可知：4 回路落地式配电箱安装 1 台，其他条件符合定额要求，4 回路配电箱单价 1 000 元。试计算分部分项预算单价。

表 4-3-2　配电箱落地安装预算定额

工作内容：开箱、清扫、检查、测位、画线、钻孔、装螺栓、本体安装、盘内整理、接线、接地、补漆等

单位：台

定额编号					4－25	4－26	4－27	4－28	4－29	4－30
项目					规格（回路以内）					
					4	8	16	24	32	48
预算单价/元					356.53	377.83	412.37	453.51	490.83	569.08
其中	人工费/元				175.74	193.29	226.50	262.46	298.35	370.20
	材料费/元				122.92	125.97	125.97	129.71	129.71	133.23
	机械费/元				57.87	58.57	59.90	61.34	62.77	65.65
名称			单位	单价/元	数量					
人工	870005	综合工日	工日	78.70	2.233	2.456	2.878	3.335	3.791	4.704
材料	090174	垫铁	kg	3.80	0.300 0	0.300 0	0.300 0	0.300 0	0.300 0	0.300 0
	010023	镀锌扁钢	kg	5.22	1.500 0	1.500 0	1.500 0	1.500 0	1.500 0	0.500 0
	120080	塑料软管	kg	7.99	0.300 0	0.300 0	0.300 0	0.300 0	0.300 0	0.300 0
	090125	镀锌带母螺栓 10×（40～60）	套	0.64	6.120 0	6.120 0	6.120 0	6.120 0	6.120 0	6.120 0
	090030	镀锌垫圈 10	个	0.11	12.240 0	12.240 0	12.240 0	12.240 0	12.240 0	12.240 0

［解析］查表 4-3-2，由 4-25 定额编号计算分部分项预算单价：

预算单价＝原预算单价＋未计价（4 回路配电箱）设备消耗量×设备单价＝365.53＋1×1 000＝1 365.53（元/台）。

［例题 2］某建筑室内供暖工程中 *DN*100 的法兰阀门安装，其安装定额基价为 252.80 元/个，其中人工费为 39.06 元/个，主材费为 350 元/个。（管理费和利润以人工费及计费基础，费率分别为 20.54%和 22. 11%）

根据上述已知条件及相关规定，计算编制最高限价时的下列费用：

（1）计算阀门安装项目的管理费及利润。

（2）计算阀门安装项目的综合单价。

［解析］

（1）管理费＝人工费×管理费费率＝39.06×20.54%＝8.02（元/个）。

利润＝人工费×管理费费率＝39.06×22.11%＝8.64（元/个）。

（2）阀门安装项目综合单价＝安装定额基价＋主材费＋管理费＋利润＝252.80＋350＋8.02＋8.64＝619.46（元/个）。

第四节　安装工程最高投标限价的编制

一、最高投标限价的编制规定与依据

（一）最高投标限价、投标报价和工程竣工结算价计价程序对比

最高投标限价、投标报价和工程竣工结算价计价程序对比见表 4-4-1。

表 4-4-1　最高投标限价、投标报价和工程竣工结算价计价程序对比

序号	项目内容		最高投标限价	投标报价	工程竣工结算价
1	分部分项工程费	工程量	招标工程量清单	招标工程量清单	合同、施工图、设计变更、洽商、索赔等
		人、材、机	信息价/市场价	根据投标人投标项目测算的成本，自主确定	执行合同约定
		企业管理费	法规及定额规定		
		利润			
		风险			
2	措施项目费	安全文明施工	按照国家、行业和地方政府的法律、法规及相应规定		
		其他组织措施	拟建项目的常规方案	拟用施工组织设计	执行合同约定
3	其他项目费	暂列金额	按工程特点，参照《建设工程工程量清单计价规范》估算	按招标文件计列	按合同约定及施工实际发生进行调整
		暂估价	拟建项目需要确定	按招标文件计列	
		计日工	拟建项目需要确定	自主确定单价	
		总包服务费	按拟建项目分包工程内容，参照《建设工程工程量清单计价规范》计算	自主确定费率	按合同约定调整总承包服务费计算基数

续表

序号	项目内容		最高投标限价	投标报价	工程竣工结算价
4	规费	按照国家、行业和地方政府的法律、法规及相应规定			
5	税金	按照国家、行业和地方政府的法律、法规及相应规定			

（二）编制招标控制价的规定

（1）国有资金投资的工程建设项目应实行工程量清单招标，招标人应编制招标控制价。投标人的投标报价若超过公布的招标控制价，则其投标应被否决。

（2）工程造价咨询人不得同时接受招标人和投标人对同一工程的招标控制价和投标报价的编制。

（3）招标控制价应在招标文件中公布，对所编制的招标控制价不得进行上浮或下调。招标人应当公布招标控制价的总价，以及各单位工程的分部分项工程费、措施项目费、其他项目费、规费和税金。

（4）招标控制价超过批准的概算时，招标人应将其报原概算审批部门审核。

（5）投标人经复核认为招标人公布的招标控制价未按规定进行编制的，应在招标控制价公布后5天内向招标投标监督机构和工程造价管理机构投诉。当复查结论与原公布的招标控制价误差＞±3%时，应责成招标人改正。

（6）招标人应将招标控制价及有关资料报送工程造价管理机构备案。

·典型例题·

［**例题1·单选**］关于招标控制价及其编制，下列说法中正确的是（　　）。

A. 招标人不得拒绝高于招标控制价的投标报价

B. 当重新公布招标控制价时，原投标截止期不变

C. 经复核认为招标控制价误差大于±3%时，投标人应责成招标人改正

D. 投标人经复核认为招标控制价未按规定编制的，应在招标控制价公布5日内提出投诉

［**解析**］选项A，投标人的投标报价若超过公布的招标控制价，则其投标应被否决。选项B，当重新公布招标控制价时，若重新公布之日起至原投标截止期不足15天的应延长投标截止期。选项C，经复核认为招标控制价误差大于±3%时，招投标管理机构应责成招标人改正。

［**例题2·单选**］根据《建设工程工程量清单计价规范》（GB 50500—2013），关于招标控制价的编制要求，下列说法中正确的是（　　）。

A. 应依据投标人拟订的施工方案进行编制

B. 应包括招标文件中要求招标人承担风险的费用

C. 应由招标工程量清单编制单位负责编制

D. 应使用行业和地方的计价定额与相关文件计价

［**解析**］选项A，招标控制价应当依据常规施工方案编制。选项B，应包含要求承包人承担的风险费用。选项C，招标控制价应由具有编制能力的招标人或受其委托、具有相应资质的工程造价咨询人编制。

答案：1. D　2. D

（三）编制招标控制价应注意的问题

（1）材料价格应采用信息价，未发布信息价的，采用市场价。

（2）机械设备的选型应本着经济实用、先进高效的原则。

（3）正确使用定额与相关文件。

（4）不可竞争的措施项目和规费、税金等费用均属于强制性条款。

（5）不同的施工组织导致不同的竞争性措施费用，应先编制常规施工组织设计，再组织专家论证。

二、最高投标限价的编制内容

建设工程的最高投标限价反映的是单位工程费用，各单位工程费用由分部分项工程费、措施项目费、其他项目费、规费和税金五部分组成。

建设单位工程最高投标限价计价程序表见表（施工企业投标报价计价程序）见表4-4-2。

表4-4-2 建设单位工程最高投标限价计价程序表见表（施工企业投标报价计价程序）

工程名称： 标段： 第 页 共 页

序号	汇总内容	计算方法	金额/元
1	分部分项工程	按计价规定计算/（自主报价）	
1.1			
1.2			
2	措施项目	按计价规定计算/（自主报价）	
2.1	其中：安全文明施工费	按规定标准估算/（按规定标准计算）	
3	其他项目		
3.1	其中：暂列金额	按规定标准估算/（按招标文件提供金额计列）	
3.2	专业工程暂估价	按计价规定估算/（按招标文件提供金额计列）	
3.3	计日工	按计价标准估算/（自主报价）	
3.4	总承包服务费	按计价规定估算/（自主报价）	
4	规费	按规定标准计算	
5	税金	按规定标准计算	
最高投标限价/（投标报价）		合计＝1＋2＋3＋4＋5	

注：本表适用于单位工程最高投标限价计算或投标报价计算，如无单位工程划分，单项工程也使用本表。

（一）安装工程最高投标限价的编制内容

1. 分部分项工程费的编制

最高投标限价的分部分项工程费应由各单位工程的招标工程量清单中给定的工程量乘以其相应综合单价汇总而成。具体步骤如下：

（1）依据提供的工程量清单和施工图纸，按照工程所在地区颁发的计价定额的规定，确定所组价的定额项目名称，并计算出相应的工程量。

（2）依据工程造价政策规定或工程造价信息确定其人工、材料、机械台班单价。

（3）在考虑风险因素确定管理费率和利润率的基础上，按规定程序计算出所组价定额项目的合价，见下式。

定额项目合价＝定额项目工程量×［∑（定额人工消耗量×人工单价）＋∑（定额材料消耗量×材料单价）＋∑（定额机械台班消耗量×机械台班单价）＋价差（基价或人工、材料、机具费用）＋管理费和利润］

➤ 提示：定额项目合价→计价定额的量×计价信息的价。

（4）将若干项所组价的定额项目合价相加除以工程量清单项目工程量，便得到工程量清单项目综合单价，见下式。

$$工程量清单项目综合单价=\frac{\sum 定额项目合价+未计价材料}{工程量清单项目工程量}$$

➤ 提示：多个定额项目→一个清单项目。

（5）对于未计价材料费（包括暂估单价的材料费）应计入综合单价。

2. 措施项目的编制

（1）措施项目费中的安全文明施工费不得作为竞争性费用。

（2）措施项目费的编制要求见表 4-4-3。

表 4-4-3 措施项目费的编制要求

类型	计量单位	编制要求
可精确计量的措施项目	量	与分部分项工程工程量清单单价相同的方式确定综合单价
不可精确计量的措施项目	项	采用费率法按规定综合取定，结果包括除规费、税金以外的全部费用

3. 其他项目费的编制

（1）暂列金额。暂列金额由招标人根据工程特点、工期长短，按有关计价规定进行估算，一般可以分部分项工程费的 10%～15%为参考。

（2）暂估价。暂估价中的材料单价应按照工程造价管理机构发布的工程造价信息中的材料单价计算，工程造价信息未发布的材料单价，参考市场价格估算；暂估价中的专业工程暂估价应分不同专业，按有关计价规定估算。

（3）计日工。在编制招标控制价时，对计日工中的人工单价和施工机械台班单价应按省级、行业建设主管部门或其授权的工程造价管理机构公布的单价计算；材料应按工程造价管理机构发布的工程造价信息中的材料单价计算，工程造价信息未发布单价的材料，其价格应按市场调查确定的单价计算。

（4）总承包服务费。总承包服务费的编制要求见表 4-4-4。

表 4-4-4 总承包服务费的编制要求

类型	编制要求
总承包管理和协调	分包的专业工程估算造价的 1.5%计算
总承包管理和协调，并提供配合服务	分包的专业工程估算造价的 3%～5%计算
招标人自行供应材料	按供应材料价值的 1%计算

4. 规费和税金的编制

规费和税金必须按国家或省级、行业建设主管部门的规定计算，其中税金的计算如下：

税金=（人工费+材料费+施工机具使用费+企业管理费+利润+规费）×综合税率

［例题］根据招标文件和常规施工方案，假设某安装工程计算出的各分部分项工程人、材、机费用合计为 100 万元，其中人工费占 25%。单价措施项目中仅有脚手架子目，脚手架搭拆的人、材、机费用 0.8 万元，其中人工费占 20%；总价措施项目费中的安全文明施工费用（包括安全施工费、文明施工费、环境保护费、临时设施费）根据当地工程造价管理机构发布

的规定按分部分项工程人工费的22%计取，夜间施工费、二次搬运费、冬雨季施工增加费、已完工程及设备保护费等其他总价措施项目费用合计按分部分项工程人工费的10%计取，其中总价措施费中人工费占30%。

企业管理费、利润分别按人工费的50%、30%计。暂列金额1万元，专业工程暂估价2万元（总承包服务费按3%计取），不考虑计日工费用。规费按分部分项工程和措施项目费中全部人工费的25%计取。

上述费用均不包含增值税可抵扣进项税额，增值税税率按9%计取。

编制单位工程招标控制价汇总表，并列出计算过程。（计算结果均保留两位小数）

[解析] 各项费用的计算过程如下：

（1）分部分项工程费：

分部分项工程费=100.00+100.00×25%×（50%+30%）=120.00（万元）。

其中人工费合计=100.00×25%=25.00（万元）。

（2）单价措施项目脚手架搭拆费=0.80+0.80×20%×（50%+30%）=0.93（万元）。

总价措施项目费：

安全文明施工费=25.00×22%=5.50（万元）。

其他措施项目费=25.00×10%=2.50（万元）。

措施费合计=0.93+5.50+2.50=8.93（万元）。

其中人工费合计=0.80×20%+（5.50+2.5）×30%=2.56（万元）。

（3）其他项目清单计价合计=暂列金额+专业工程暂估价+总承包服务费=1.00+2.00+2.00×3%=3.06（万元）。

（4）规费=（25.00+2.56）×25%=6.89（万元）。

（5）税金=（120.00+8.93+3.06+6.89）×9%=12.50（万元）。

（6）招标控制价合计=120.00+8.93+3.06+6.89+12.50=151.38（万元）。

该单位工程招标控制价汇总表，见表4-4-5。

表4-4-5　单位工程招标控制价汇总表

序号	汇总内容	金额/万元	其中：暂估价/万元
1	分部分项工程	120.00	
1.1	其中人工费	25.00	
2	措施项目	8.93	
2.1	其中：人工费	2.56	
3	其他项目	3.06	2.00
3.1	其中：暂列金额	1.00	
3.2	其中：专业工程暂估价	2.00	
3.3	其中：计日工		
3.4	其中：总包服务费	0.06	
4	规费	6.89	
5	税金	12.50	
招标控制价合计=1+2+3+4+5		151.38	2.00

·典型例题·

［例题1·单选］根据《建设工程工程量清单计价规范》（GB 50500—2013），招标控制价的综合单价组价工作包括：①确定工、料、机单价；②确定所组价定额项目名称；③计价组价定额项目的合价；④除以工程量清单项目工程量；⑤计算组价定额项目工程量。下列工作排序正确的是（　　）。

A. ②⑤①③④　　B. ①②⑤④③

C. ②③①⑤④　　D. ①②③④⑤

［解析］首先，依据提供的工程量清单和施工图纸，按照工程所在地区颁发的计价定额的规定，确定所组价的定额项目名称，并计算出相应的工程量；其次，依据工程造价政策规定或工程造价信息确定其人工、材料、机械台班单价；同时，在考虑风险因素确定管理费率和利润率的基础上，按规定程序计算出所组价定额项目的合价，然后将若干项所组价的定额项目合价相加除以工程量清单项目工程量，便得到工程量清单项目综合单价。

［例题2·单选］招标人要求总承包人对专业工程进行统一管理和协调的，总承包人可计取总承包服务费，其取费基数为（　　）。

A. 专业工程估算造价

B. 投标报价总额

C. 分部分项工程费用

D. 分部分项工程费与措施费之和

［解析］招标人要求对分包专业工程进行总承包管理和协调时，按分包的专业工程估算造价的1.5%计算。

答案：1. A　2. A

（二）最高限价编制应注意的问题

（1）定额综合单价中的企业管理费、利润应按现行定额费率标准执行。

（2）综合单价中的风险因素。为使招标控制价与投标报价所包含的内容一致，综合单价中应包括招标文件中要求投标人所承担的风险内容及其范围（幅度）产生的风险费用。

1）对于技术难度较大和管理复杂的项目，可考虑一定的风险费用，并纳入综合单价中。

2）对于工程设备、材料价格的市场风险，应依据招标文件的规定，工程所在地或行业工程造价管理机构的有关规定，以及市场价格趋势考虑一定率值的风险费用，纳入综合单价中。

3）税金、规费等法律、法规、规章和政策变化的风险和人工单价等风险费用不应纳入综合单价中。

4）采用的材料价格应是工程造价管理机构通过工程造价信息发布的材料价格，工程造价信息未发布材料单价的材料，其材料价格应通过市场调查确定。另外，未采用工程造价管理机构发布的工程造价信息时，须在招标文件或答疑补充文件中对招标控制价采用的与造价信息不一致的市场价格予以说明，采用的市场价格则应通过调查、分析确定，有可靠的信息来源。

5）不可竞争的措施项目和规费、税金等费用的计算均属于强制性的条款，编制招标控制价时应按国家有关规定计算。

6）不同工程项目、不同施工单位会有不同的施工组织方法，所发生的措施费也会有所不同，因此，对于竞争性的措施费用的确定，招标人应首先编制常规的施工组织设计

或施工方案，然后依据经专家论证确认后的施工组织设计或施工方案再进行合理确定措施项目与费用。

第五节　安装工程投标报价的编制

一、投标报价的编制原则与依据

（一）投标报价的编制原则

（1）投标报价由投标人自主确定，但必须执行清单计价规范的强制性规定。

（2）投标人的投标报价不得低于成本。由评标委员会认定该投标人以低于成本报价竞标，应当否决该投标人的投标。

（3）投标报价要以招标文件中设定的发承包双方责任划分，作为考虑投标报价费用计算的基础。

（4）以施工方案、技术措施为基本条件，以企业定额为基本依据。

（5）科学严谨，简明适用。

（二）投标报价的编制依据

《建设工程工程量清单计价规范》（GB 50500—2013）规定，投标报价的编制依据如下：

（1）《建设工程工程量清单计价规范》（GB 50500—2013）。

（2）国家或省级、行业建设主管部门颁发的计价办法。

（3）企业定额，国家或省级、行业建设主管部门颁发的计价定额。

（4）招标文件、工程量清单及其补充通知、答疑纪要。

（5）建设工程设计文件及相关资料。

（6）施工现场情况、工程特点及投标时拟订的施工组织设计或施工方案。

（7）与建设项目相关的标准、规范等技术资料。

（8）市场价格信息或工程造价管理机构发布的工程造价信息。

（9）其他的相关资料。

二、投标报价的编制方法和内容

（一）分部分项工程费与计价表的编制

综合单价包括完成一个规定清单项目所需的人工费、材料和工程设备费、施工机具使用费、企业管理费、利润，并考虑风险费用的分摊。

1. 综合单价确定的注意事项

确定综合单价时的注意事项见表 4-5-1。

表 4-5-1　确定综合单价时的注意事项

综合单价的确定	注意事项
以项目特征描述为依据	在招标投标过程中，以招标工程量清单的项目特征描述为准，确定投标报价的综合单价；在施工过程中，发承包双方应按实际施工的项目特征，依据合同约定重新确定综合单价
材料、工程设备暂估价处理	招标文件中在其他项目清单中提供了暂估单价的材料和工程设备，应按其暂估的单价计入清单项目的综合单价中

第四章

续表

综合单价的确定	注意事项
考虑合理的风险	当出现的风险内容及其范围在招标文件规定的范围内时，综合单价不得变动，合同价款不作调整。发承包双方对工程施工阶段的风险宜采用如下分摊原则： (1) 对于主要由市场价格波动导致的价格风险，发承包双方应当在招标文件中或在合同中对此类风险的范围和幅度予以明确约定，进行合理分摊。根据工程特点和工期要求，一般采取的方式是承包人承担5%以内的材料、工程设备价格风险，10%以内的施工机具使用费风险 (2) 对于法律、法规、规章或有关政策出台导致工程税金、规费、人工费发生变化，并由省级、行业建设行政主管部门或其授权的工程造价管理机构根据上述变化发布的政策性调整，承包人不应承担此类风险，应按照有关调整规定执行 (3) 对于承包人根据自身技术水平、管理、经营状况能够自主控制的风险，如承包人的管理费、利润的风险，承包人应结合市场情况，根据企业自身的实际合理确定、自主报价，该部分风险由承包人全部承担

［例题 1］某管道工程的背景资料如下：

(1) 成品油泵房管道系统施工图见图 4-5-1。

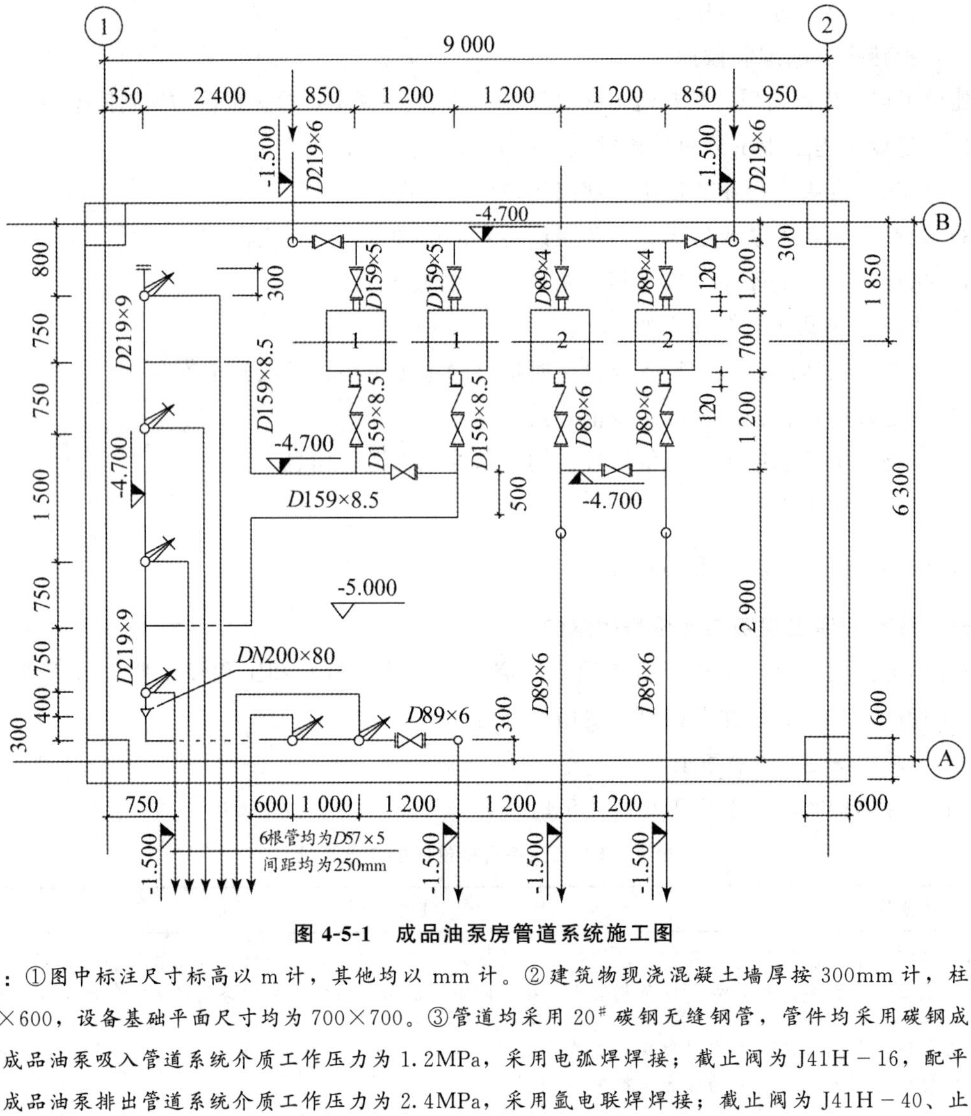

图 4-5-1　成品油泵房管道系统施工图

注：①图中标注尺寸标高以 m 计，其他均以 mm 计。②建筑物现浇混凝土墙厚按 300mm 计，柱截面均为 600×600，设备基础平面尺寸均为 700×700。③管道均采用 $20^{\#}$ 碳钢无缝钢管，管件均采用碳钢成品压制管件。成品油泵吸入管道系统介质工作压力为 1.2MPa，采用电弧焊焊接；截止阀为 J41H－16，配平焊碳钢法兰。成品油泵排出管道系统介质工作压力为 2.4MPa，采用氩电联焊焊接；截止阀为 J41H－40、止回阀为

H41H－40，配碳钢对焊法兰，成品油泵进出口法兰超出设备基础长度均按 120mm，见图 4-4-3。④管道系统中，法兰连接处焊缝采用超声波探伤，管道焊缝采用 X 射线探伤。⑤管道系统安装就位，进行水压强度试验合格后，采用干燥空气进行吹扫。⑥未尽事宜均应符合相关工程建设技术标准规范要求。

油泵的规格型号及数量见表 4-5-2。

表 4-5-2　油泵的规格型号及数量

序号	名称及规格型号	单位	数量
1	油泵 $H=40$m，$Q=20$m^3/h	台	2
2	油泵 $H=40$m，$Q=10$m^3/h	台	2

（2）假设成品油泵房的部分管道、阀门安装项目清单工程量如下：低压无缝钢管 $D89\times4$：21m；$D159\times5$：30m；$D219\times6$：15m；中压无缝钢管 $D89\times6$：25m；$D159\times8.5$：18m；$D219\times9$：6m。其他技术条件和要求与表 4-5-2 一致。

（3）工程相关分部分项工程量清单项目的统一编码见表 4-5-3。

表 4-5-3　工程相关分部分项工程量清单项目的统一编码

项目编码	项目名称	项目编码	项目名称
031001002	钢管	031801001	低压碳钢管
031003001	螺纹阀门	031802001	中压碳钢管
031003002	螺纹法兰阀门	031807003	低压法兰阀门
031003003	焊接法兰阀门	031808003	中压法兰阀门

（4）管理费和利润分别按人工费的 60％和 40％计算，安装定额的相关数据资料见表 4-5-4（表内费用均不包含增值税可抵扣进项税额）。

表 4-5-4　安装定额的相关数据资料

定额编号	项目名称	计量单位	安装基价/元			未计价主材	
			人工费	材料费	机械费	单价	耗量
8－1－444	中压碳钢管（电弧焊）DN150	10m	226.20	140.00	180.00	4.50 元/kg	8.845m
8－1－463	中压碳钢管（氩电联焊）DN150	10m	252.59	180.00	220.00	4.50 元/kg	8.845m
8－5－3	低中压管道液压试验 DN200 以内	100m	566.00	160.00	120.00		
8－5－53	管道水冲洗 DN200 以内	100m	340.00	580.00	80.00		

［问题］

1. 按照图 4-5-1 所示内容，分别列式计算管道和阀门（其中 DN50 管道、阀门除外）安装工程项目分部分项清单工程量。

2. 根据背景资料（2）、（3）及图 4-5-1 中所示要求，按《通用安装工程工程量计算规范》（GB 50856—2013）的规定，分别依次编列管道、阀门安装项目（其中 DN50 管道、阀门除外）的分部分项工程量清单，并填入分部分项工程量和单价措施项目清单与计价表（见表 4-5-5）中。

表 4-5-5　分部分项工程量和单价措施项目清单与计价表

工程名称：成品油泵房管道系统　　　　标段：部分管道、阀门安装项目　　　　第　页　共　页

序号	项目编码	项目名称	项目特征描述	计量单位	工程量	金额/元		
						综合单价	合价	其中：暂估价

3. 按照背景资料（4）中的相关数据和图 4-5-1 中所示要求，根据《通用安装工程工程量计算规范》（GB 50856—2013）和《建设工程工程量清单计价规范》（GB 50500—2013）的规定，编制中压管道 *DN*150 安装项目分部分项工程量清单的综合单价，并填入综合单价分析表（见表 4-5-6）中。中压管道 *DN*150 理论重量按 32kg/m 计，钢管由发包人采购（价格为暂估价）。

表 4-5-6　综合单价分析表

工程名称：成品油泵房管道系统　　　　标段：部分管道、阀门安装项目　　　　第　页　共　页

项目编码		项目名称					计量单位		工程量				
清单综合单价组成明细													
定额编号	定额名称	定额单位	数量	单价/元					合价/元				
				人工费	材料费	机械费	企业管理费	利润	人工费	材料费	机械费	企业管理费	利润
人工单价	小计												
元/工日	未计价材料费												
清单项目综合单价													
材料费明细	主要材料名称、规格、型号					单位	数量		单价/元	合价/元	暂估单价/元	暂估合价/元	
	其他材料费												
	材料费小计												

［解析］

1.（1）管道工程量：

1）低压碳钢管 $D89\times4$：$(1.2-0.12)\times2=2.16$（m）；

2）低压碳钢管 $D159\times5$：$(1.2-0.12)\times2=2.16$（m）；

3）低压碳钢管 $D219\times6$：$(4.7-1.5)\times2+(0.3+0.3)\times2+(0.85\times2+1.2\times3)=12.90$（m）；

第四章

4）中压碳钢管 $D89\times6$：（0.3＋2.9＋1.2－0.12）×2＋（4.7－1.5）×2＋（0.3＋0.3＋1.2）＋0.3＋2.4＋0.85＋1.2＋（4.7－1.5）＝24.71（m）；

5）中压碳钢管 $D159\times8.5$：(1.2－0.12）×2＋（0.75＋1.5＋0.75）＋（2.4＋0.85＋1.2）×2＝14.06（m）；

6）中压碳钢管 $D219\times9$：0.75×4＋1.5＋0.3＋0.4＝5.20（m）。

（2）阀门工程量：

1）低压法兰阀门安装 J41H-16 截止阀 $D89\times4$：2 个；

2）低压法兰阀门安装 J41H-16 截止阀 $D159\times5$：2 个；

3）低压法兰阀门安装 J41H-16 截止阀 $D219\times6$：2 个；

4）中压法兰阀门安装 J41H-40 截止阀 $D89\times6$：4 个；

5）中压法兰阀门安装 J41H-40 截止阀 $D159\times8.5$：3 个；

6）中压法兰阀门安装 H41H-40 止回阀 $D89\times6$：2 个；

7）中压法兰阀门安装 H41H-40 止回阀 $D159\times8.5$：2 个。

2. 管道、阀门安装项目的分部分项工程量清单见表 4-5-7。

表 4-5-7　分部分项工程量和单价措施项目清单与计价表

工程名称：成品油泵房管道系统　　　　标段：部分管道、阀门安装项目　　　　第　页　共　页

序号	项目编码	项目名称	项目特征描述	计量单位	工程量	金额/元		
						综合单价	合价	其中：暂估价
1	030801001001	低压碳钢管	$D89\times4$；20# 无缝钢管；电弧焊；空气吹扫	m	2.1			
2	030801001002	低压碳钢管	$D159\times5$；20# 无缝钢管；电弧焊；液压试验；空气吹扫	m	3			
3	030801001003	低压碳钢管	$D219\times6$；20# 无缝钢管；电弧焊；液压试验；空气吹扫	m	15			
4	030802001001	中压碳钢管	$D89\times6$；20# 无缝钢管；氩电联焊；液压试验；空气吹扫	m	25			
5	030802001002	中压碳钢管	$D159\times8.5$；20# 无缝钢管；氩电联焊；液压试验；空气吹扫	m	18			
6	030802001003	中压碳钢管	$D219\times9$；20# 无缝钢管；氩电联焊；液压试验；空气吹扫	m	6			
7	030807003001	低压法兰阀门	$D89\times4$；J41H－16 截止阀	个	2			
8	030807003002	低压法兰阀门	$D159\times5$；J41H－16 截止阀	个	2			
9	030807003003	低压法兰阀门	$D219\times6$；J41H－16 截止阀	个	2			
10	030808003001	中压法兰阀门	$D89\times6$；J41H－40 截止阀	个	4			
11	030808003002	中压法兰阀门	$D159\times8.5$；J41H－40 截止阀	个	3			
12	030808003003	中压法兰阀门	$D89\times6$；H41H－40 止回阀	个	2			

续表

序号	项目编码	项目名称	项目特征描述	计量单位	工程量	金额/元		
						综合单价	合价	其中：暂估价
13	030808003004	中压法兰阀门	*D*159×8.5；H41H－40 止回阀	个	2			

3. 中压管道 *DN*150 安装项目分部分项工程量清单综合单价分析见表 4-5-8。

表 4-5-8　综合单价分析表

工程名称：成品油泵房管道系统　　　　标段：部分管道、阀门安装项目　　　　第　页　共　页

项目编码	030802001002	项目名称	中压碳钢管 *DN*150	计量单位	m	工程量	14.06

清单综合单价组成明细											
定额编号	定额名称	定额单位	数量	单价/元				合价/元			
				人工费	材料费	机械费	企业管理费和利润	人工费	材料费	机械费	企业管理费和利润
8－1－463	中压碳钢管（电弧焊）*DN*150	10m	0.1	252.59	180	220	252.59	25.26	18.00	22.00	25.26
8－5－3	中压管道液压试验	100m	0.01	566	160	120	566.00	5.66	1.60	1.20	5.66
8－5－53	管道水冲洗 *DN*200 以内	100m	0.01	340.00	580.00	80.00	340.00	3.40	5.80	0.80	3.40
人工单价		小计						34.32	25.40	24.00	34.32
元/工日		未计价材料费						127.37			
清单项目综合单价								245.41			

材料费明细	主要材料名称、规格、型号	单位	数量	单价/元	合价/元	暂估单价/元	暂估合价/元
	中压碳钢管（氩电联焊）*DN*150	m	28.304			4.05	127.37
	其他材料费				25.40		
	材料费小计				25.40		127.37

［例题 2］工程背景资料如下：

（1）图 4-5-2 为某配电房电气平面图，图 4-5-3 为配电箱系统图，表 4-5-9 为设备材料表。该建筑物为单层平屋面砖、混凝土结构，建筑物室内净高为 4.00m。

图中括号内数字表示线路水平长度，配管进入地面或顶板内深度均按 0.05m 计算，穿管规格：BV2.5 导线穿 3～5 根均采用刚性阻燃管 PC20，其余按系统图。

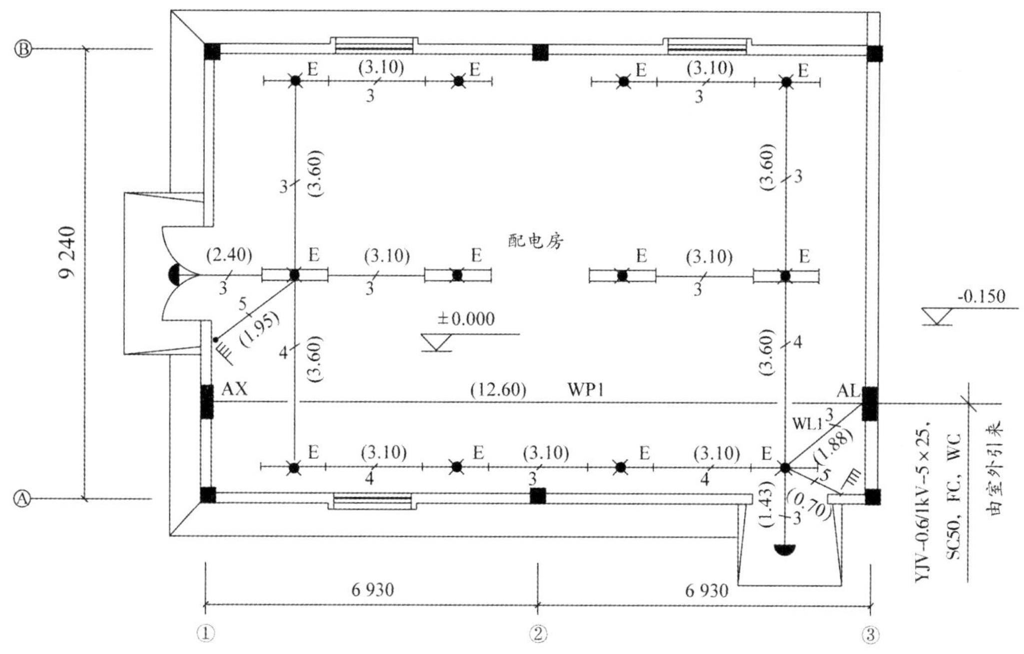

图 4-5-2 某配电房电气平面图

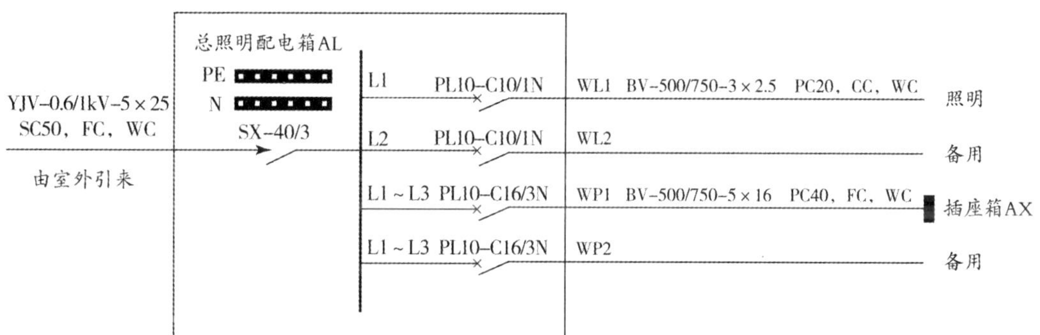

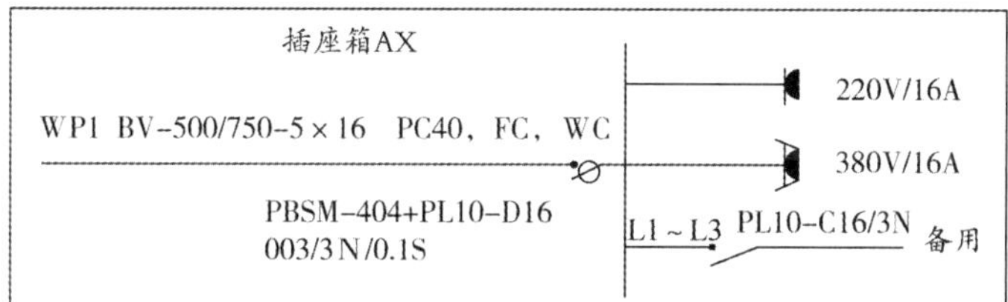

图 4-5-3 某配电箱系统图

表 4-5-9 设备材料表

序号	图例	材料/设备名称	型号规格	单位	备注
1	▬	总照明配电箱 AL	非标定制：600（宽）×800（高）×200（深）	台	嵌入式，安装高度底边离地 1.5m
2	▬	插座箱 AX	P230，300（宽）×300（高）×120（深）	台	嵌入式，安装高度底边离地 0.5m
3	◗	吸顶灯 HYG7001	1×12W，D350	套	吸顶安装

续表

序号	图例	材料/设备名称	型号规格	单位	备注
4	E	双管荧光灯 自带蓄电池	HYG218-2C，2×28W	套	应急时间不小于 120min，吸顶安装
5	E	单管荧光灯 自带蓄电池	HYG118-2C，1×28W	套	应急时间不小于 120min，吸顶安装
6		四联单控暗开关	AP86K41-10，250V/10A	个	安装高度离地 1.3m

（2）该工程的相关定额、主材单价及损耗率见表 4-5-10。

表 4-5-10　工程的相关定额、主材单价及损耗率

定额编号	项目名称	定额单位	安装基价/元			主材	
			人工费	材料费	机械费	单价	损耗率/%
4－2－76	成套插座箱安装嵌入式 半周长≤1.0m	台	102.30	34.40	0	500.00 元/台	
4－2－77	成套配电箱安装嵌入式 半周长≤1.5m	台	131.50	37.90	0	4 000.00 元/台	
4－1－14	无端子外部接线 导线截面≤2.5mm²	个	1.20	1.44	0		
4－4－26	压铜接线端子 导线截面≤16mm²	个	2.50	3.87	0		
4－12－133	砖、混凝土结构暗配 刚性阻燃管 PC20	10m	54.00	5.20	0	2.00 元/m	6
4－12－137	砖、混凝土结构暗配 刚性阻燃管 PC40	10m	66.60	14.30	0	5.00 元/m	6
4－13－5	管内穿照明线铜芯 导线截面≤2.5mm²	10m	8.10	1.50	0	1.80 元/m	16
4－13－28	管内穿动力线铜芯 导线截面≤16mm²	10m	8.10	1.80	0	11.50 元/m	5
4－14－2	吸顶灯具安装 灯罩周长≤1100mm	套	13.80	1.90	0	100.00 元/套	1

续表

定额编号	项目名称	定额单位	安装基价/元			主材	
			人工费	材料费	机械费	单价	损耗率/%
4－14－20	荧光灯具安装吸顶式单管	套	13.90	1.50	0	120.00 元/套	1
4－14－205	荧光灯具安装吸顶式双管	套	17.50	1.50	0	180.00 元/套	1
4－14－380	四联单控暗开关安装	个	7.00	0.80	0	15.00 元/个	2

注：表内费用均不包含增值税可抵扣进项税额。

（3）该工程的人工费单价（综合普工、一般技工和高级技工）为 100 元/工日，管理费和利润分别按人工费的 40%和 20%计算。

（4）相关分部分项工程量清单项目编码及项目名称见表 4-5-11。

表 4-5-11　相关分部分项工程量清单项目编码及项目名称

项目编码	项目名称	项目编码	项目名称
030404017	配电箱	030411001	配管
030404018	插座箱	030411004	配线
030404034	照明开关	030412005	荧光灯
030404031	小电器	030412001	普通灯具

［问题］

1. 按照背景资料（1）～（4）和图 4-5-2 及图 4-5-3 所示内容，根据《建设工程工程量清单计价规范》（GB 50500—2013）和《通用安装工程工程量计算规范》（GB 50856—2013）的规定，计算各分部分项工程的综合单价与合价，编制完成分部分项工程和单价措施项目清单与计价表（见表 4-5-12）。（答题时不考虑总照明配电箱的进线管道和电缆，不考虑开关盒和灯头盒）

表 4-5-12　分部分项工程和单价措施项目清单与计价表

序号	项目编码	项目名称	项目特征描述	计量单位	工程量	金额/元		
						综合单价	合价	其中：暂估价

2. 设定该工程“总照明配电箱 AL”的清单工程量为 1 台，其余条件均不变，根据背景资料（2）中的相关数据，编制完成综合单价分析表（见表 4-5-13）。（计算结果保留两位小数）

第四章

表 4-5-13　综合单价分析表

工程名称：配电房电气工程

项目编码		项目名称				计量单位			工程量		
清单综合单价组成明细											
定额编号	定额名称	定额单位	数量	单价/元				合价/元			
				人工费	材料费	机械费	企业管理费和利润	人工费	材料费	机械费	企业管理费和利润
人工单价		小计									
元/工日		未计价材料费									
清单项目综合单价											

材料费明细	主要材料名称、规格、型号	单位	数量	单价/元	合价/元	暂估单价/元	暂估合价/元
	其他材料费						
	材料费小计						

[解析]

1. 分部分项工程和单价措施项目清单与计价表见表 4-5-14。

表 4-5-14　分部分项工程和单价措施项目清单与计价表

工程名称：配电房电气工程

序号	项目编码	项目名称	项目特征描述	计量单位	工程量	金额/元		
						综合单价	合价	其中：暂估价
1	030404017001	配电箱（含压铜接线端子）	照明配电箱 AL 嵌入式安装；箱体尺寸：600×800×200（mm）；无端子外部接线 BV2.5mm²；管内穿铜线 BV16mm²；安装高度离地 1.5m	台	1	4 297.73	4 297.73	
2	030404018001	插座箱	插座箱 AX 嵌入式安装；箱体尺寸：300×300×120（mm）；安装高度底口离地 0.5m	台	1	698.08	698.08	

续表

序号	项目编码	项目名称	项目特征描述	计量单位	工程量	金额/元		
						综合单价	合价	其中：暂估价
3	030411001001	电子配管 PC20	刚性阻燃管；塑料；沿砖、混凝土结构暗配 PC20	m	51.71	11.28	583.29	
4	030411001002	电气配管 PC40	刚性阻燃管；塑料；沿砖、混凝土结构暗配 PC40	m	14.70	17.39	255.63	
5	030411004001	电气配线	管内敷设 BV2.5mm^2	m	189.03	3.53	667.28	
6	030411004002	电气配线	管内敷设 BV16mm^2	m	83.50	13.55	1 131.43	
7	030404034001	照明开关	四联单控暗开关	个	2	27.30	54.60	
8	030412005001	荧光灯	吸顶式单管	套	8	144.94	1 159.52	
9	030412005002	荧光灯	吸顶式双管	套	4	211.30	845.20	
10	030412001001	普通灯具	吸顶式	套	2	124.98	249.96	

综合单价及合价的计算过程如下：

（1）配电箱：131.5+37.9+4 000+131.5×（40%+20%）+3×（1.2+1.44+1.2×60%）+5×（2.5+3.87+2.5×60%）=4 297.73（元）。

（2）插座箱：102.3+34.4+500+102.3×（40%+20%）=698.08（元）。

（3）电气配管 PC20：5.4+0.52+1.06×2+5.4×60%=11.28（元）；51.71×11.28=583.29（元）。

（4）电气配管 PC40：6.66+1.48+1.06×5+6.66×60%=17.39（元）；14.70×17.39=255.63（元）。

（5）管内敷设 BV2.5mm^2 电气配线：0.81+0.15+1.16×1.8+0.81×60%=3.55（元）；189.03×3.53=667.28（元）。

（6）管内敷设 BV16mm^2 电气配线：0.81+0.18+1.05×11.5+0.81×60%=13.55（元）；83.5×13.55=1131.43（元）。

（7）照明开关：7+0.8+1.02×15+7×60%=27.30（元）；2×27.30=54.6（元）。

（8）单管荧光灯：13.9+1.5+1.01×120+13.9×60%=144.94（元）；8×144.94=1 159.52（元）。

（9）双管荧光灯：17.5+1.5+1.01×180+17.5×60%=211.30（元）；4×211.30=845.20（元）。

（10）吸顶灯：13.8+1.9+1.01×100+13.8×60%=124.98（元）；2×124.98=249.96（元）。

2. 综合单价分析表见表 4-5-15。

表 4-5-15 综合单价分析表

工程名称：配电房电气工程

项目编码	030404017001	项目名称	总照明配电箱 AL			计量单位	台	工程量			1
清单综合单价组成明细											
定额编号	定额名称	定额单位	数量	单价/元				合价/元			
				人工费	材料费	机械费	企业管理费和利润	人工费	材料费	机械费	企业管理费和利润
4－2－77	成套配电箱嵌入式安装	台	1.00	131.50	37.90	0	78.90	131.50	37.90	0	78.90
4－1－14	无端子外部接线	个	3.00	1.20	1.44	0	0.72	3.60	4.32	0	2.16
4－4－26	压铜接线端子	个	5.00	2.50	3.87	0	1.50	12.50	19.35	0	7.50
人工单价		小计						147.60	61.57	0	88.56
100 元/工日		未计价材料费						4000			
清单项目综合单价								4297.73			
材料费明细		主要材料名称、规格、型号				单位	数量	单价/元	合价/元	暂估单价/元	暂估合价/元
		成套配电箱嵌入式安装				台	1	4 000	4 000		
		其他材料费							61.57		
		材料费小计						—	4 061.57	—	0

·典型例题·

［**例题·单选**］关于工程量清单方式招标工程合同价格风险及风险分担，下列说法中正确的是（　　）。

A. 当出现的风险内容及幅度在招标文件规定的范围内时，综合单价不变

B. 市场价格波动导致施工机具使用费发生变化时，承包人只承担 5%以内的价格风险

C. 人工费变化发生的风险全部由发包人承担

D. 承包人管理费的风险一般由发承包人双方共同承担

［**解析**］选项 B 错误，根据工程特点和工期要求，一般采取的方式是承包人承担 5%以内的材料、工程设备价格风险，10%以内的施工机具使用费风险；选项 C 错误，对于法律、法规、规章或有关政策出台导致工程税金、规费、人工费发生变化，由发包人承担；选项 D 错误，对于承包人根据自身技术水平、管理、经营状况能够自主控制的风险，如承包人的管理费、利润的风险，该部分风险由承包人全部承担。

答案：A

2. 综合单价确定的步骤和方法

（1）确定计算基础。计算基础主要包括消耗量指标和生产要素单价。

（2）分析每一清单项目的工程内容。

（3）计算工程内容的工程数量与清单单位含量。清单单位含量是指每一计量单位的清单项目所分摊的工程内容的工程数量。

$$清单单位含量=\frac{某工程内容的定额工程量}{清单工程量}$$

（4）分部分项工程人工、材料、机械费用的计算。

1）以完成每一计量单位的清单项目所需的人工、材料、机械用量为基础计算。每一计量单位清单项目某种资源的使用量=该种资源的定额单位用量×相应定额条目的清单单位含量。

2）根据预先确定的各种生产要素的单位价格，可计算出每一计量单位清单项目的分部分项工程的人工费、材料费与施工机具使用费。

人工费=完成单位清单项目所需人工的工日数量×人工工日单价

材料费=∑（完成单位清单项目所需各种材料、半成品的数量×各种材料、半成品单价）+工程设备费

施工机具使用费=∑（完成单位清单项目所需各种机械的台班数×各种机械的台班单价）+∑（完成单位清单项目所需各种仪器仪表的台班数量×各种仪器仪表的台班单价）

（5）计算综合单价。将人工费、材料费、施工机具使用费、企业管理费、利润汇总，并考虑合理的风险费用后，即可得到清单综合单价。

（二）总价措施项目清单与计价表的编制

（1）措施项目的内容应依据招标人提供的措施项目清单和投标人投标时拟订的施工组织设计或施工方案确定。

（2）措施项目费由投标人自主确定，但其中安全文明施工费必须按规定计价，不得作为竞争性费用。

（三）其他项目清单费与计价表的编制

其他项目清单费的编制内容见表 4-5-16。

表 4-5-16　其他项目清单费的编制内容

其他项目清单	编制内容
其他项目清单与计价汇总表	材料（工程设备）暂估单价进入清单项目综合单价，在此不汇总
暂列金额明细表	由招标人填写，也可只列暂定金额总额，投标人应将上述暂列金额计入投标总价中
材料（工程设备）暂估单价及调整表	由招标人填写“暂估单价”，并说明用在哪些清单项目上，投标人应将上述暂估价计入工程量清单综合单价报价中
专业工程暂估价及结算价表	“暂估金额”由招标人填写，投标人应将“暂估金额”计入投标总价中。结算时，按合同约定结算金额填写
计日工表	项目名称、暂定数量由招标人填写，编制招标控制价时，单价由招标人确定；投标时，单价由投标人自主报价，按暂定数量计算合价计入投标总价中。结算时，按发承包双方确认的实际数量计算合价
总承包服务费计价表	项目名称、服务内容由招标人填写，编制招标控制价时，费率及金额由招标人确定；投标时，费率及金额由投标人自主报价，计入投标总价中

（四）规费、税金项目清单与计价表的编制

规费和税金应按国家或省级、行业建设主管部门的规定计算，不得作为竞争性费用。

（五）投标价的汇总

投标人的投标总价应当与组成工程量清单的分部分项工程费、措施项目费、其他项目费和规费、税金的合计金额相一致，即投标人对投标报价的任何优惠（或降价、让利）均应反映在相应清单项目的综合单价中。

［例题］根据上节案例"某市四环内某办公楼二层会议室通风空调系统，……"，编制投标报价时，参考《2012 通风空调工程预算定额》规定并对部分项目调整，人、材、机的价格依据市场行情，并且根据企业成本，优化了管理费和利润的取费。但安全文明施工费作为不可竞争费用，依据相关的法律、法规及有关规定计取。除脚手架搭拆费外，措施费中增加了夜间施工费用。根据计算，其中分部分项工程费为 242 170.96 元；措施项目费为 25 038.51 元；暂列金额为 3 万元；规费为 13 058.28 元；税金为 31 026.78 元。根据以上内容编制本工程投标报价见表 4-5-17。

表 4-5-17　单位工程投标报价汇总表

工程名称：通风空调工程　　　　第 1 页　共 1 页

序号	汇总内容	金额/元	其中：暂估价/元
1	分部分项工程	242 170.96	
1.1	通风管道	189 377.59	
1.2	阀门及设备	52 793.37	
2	措施项目	25 038.51	
2.1	其中：安全文明施工费	15 247.13	
3	其他项目	30 000	
3.1	其中：暂列金额（不包括计日工）	30 000	
3.2	其中：专业工程暂估价		
3.3	其中：计日工		
3.4	其中：总承包服务费		
4	规费	13 058.28	
5	税金	31 026.78	
投标报价合计=1+2+3+4+5		341 294.53	0

·典型例题·

［**例题 1·单选**］根据《建设工程工程量清单计价规范》（GB 50500—2013），关于施工发承包投标报价的编制，下列做法正确的是（　　）。

A. 设计图纸与招标工程量清单项目特征描述不同的，以设计图纸特征为准

B. 暂列金额应按照招标工程量清单中列出的金额填写，不得变动

C. 材料、工程设备暂估价应按暂估单价，乘以所需数量后计入其他项目费

D. 总承包服务费应按照投标人提出的协调、配合和服务项目自主报价

［**解析**］选项 A，设计图纸与招标工程量清单项目特征描述不同的，以招标工程量清单项目特征为准。选项 C，暂估价中的材料、工程设备暂估价必须按照招标人提供的暂估单价计入

清单项目的综合单价。选项D，总承包服务费应根据招标人在招标文件中列出的分包专业工程内容和供应材料、设备情况，按照招标人提出的协调、配合与服务要求和施工现场管理需要自主确定。

［**例题2·单选**］施工招标工程量清单中，应由投标人自主报价的其他项目是（　　）。

A. 专业工程暂估价

B. 暂列金额

C. 工程设备暂估价

D. 计日工单价

［**解析**］施工招标工程量清单中，应由投标人自主报价的其他项目是计日工单价和总承包服务费。

答案：1. B　2. D

第六节　安装工程价款结算和合同价款的调整

一、安装工程价款结算方法

工程竣工结算是指工程项目完工并经过验收合格后，发、承包双方按照施工合同的约定对所完成的工程项目进行合同价款的计算、确认和调整。

（一）工程竣工结算的编制和审核

1. 工程竣工结算的编制依据

（1）《建设工程工程量清单计价规范》（GB 50500—2013）。

（2）工程合同。

（3）发、承包双方实施过程中已确认的工程量及其结算的合同价款。

（4）发、承包双方实施过程中已确认调整后追加（减）的合同价款。

（5）建设工程设计文件及相关资料。

（6）投标文件。

（7）其他依据。

2. 工程竣工结算的计价原则

各类工程项目计价原则见表4-6-1。

表4-6-1　各类工程项目计价原则

项目类别	计价原则
分部分项工程和单价措施项目	按双方确认的量和已标价工程量清单中的价计算，如有调整，以双方确认调整的价计算
总价措施项目	以合同约定项目和金额计算，如有调整，按双方确认调整的金额计算。安全文明施工费按规定计算

第四章

续表

项目类别	计价原则
其他项目	(1) 计日工应按发包人实际签证确认的事项计算 (2) 总承包服务费应依据合同约定金额计算，发生调整的，以双方确认调整的金额计算 (3) 暂列金额应减去工程价款调整（包括索赔、现场签证）的金额计算，如有余额归发包人
规费和税金	按规定计算。此外，发、承包双方在合同工程实施过程中已经确认的工程计量结果和合同价款，在竣工结算办理中应直接进入结算

3. 工程竣工结算的审核

竣工结算审核流程见图 4-6-1。

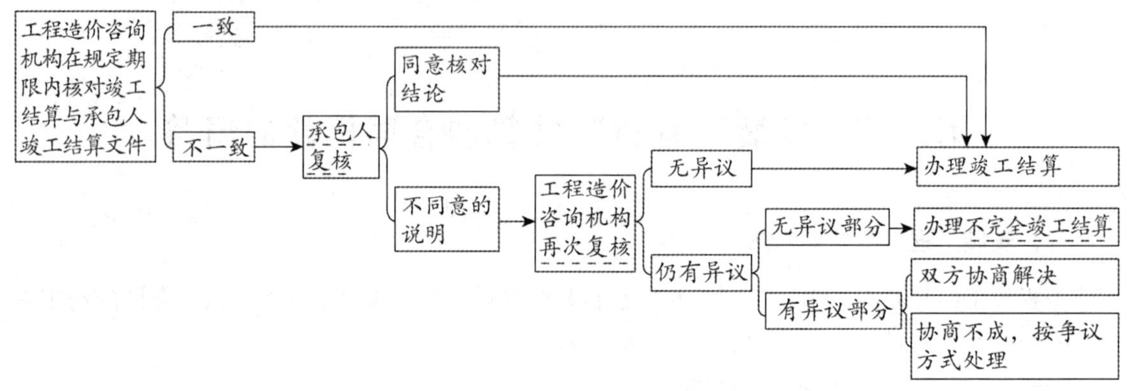

图 4-6-1　竣工结算审核流程

4. 质量争议工程的竣工结算

(1) 已经竣工验收或已竣工未验收但实际投入使用的工程，其质量争议按该工程保修合同执行，竣工结算按合同约定办理。

(2) 已竣工未验收且未实际投入使用的工程以及停工、停建工程的质量争议，双方应就有争议的部分委托有资质的检测鉴定机构进行检测，根据检测结果确定解决方案，或按工程质量监督机构的处理决定执行后办理竣工结算，无争议部分的竣工结算按合同约定办理。

· 典型例题 ·

[**例题 1 · 单选**] 关于工程量清单计价方式下竣工结算的编制原则，下列说法正确的是（　　）。

A. 措施项目费按双方确认的工程量乘以已标价工程量清单的综合单价计算

B. 总承包服务费按已标价工程量清单的金额计算，不应调整

C. 暂列金额应减去工程价款调整的金额，余额归承包人

D. 工程实施过程中发、承包双方已经确认的工程计量结果和合同价款，应直接进入结算

[**解析**] 措施项目中的单价项目应依据双方确认的工程量与已标价工程量清单的综合单价计算，选项 A 错误。总承包服务费应依据合同约定金额计算，如发生调整的，以发、承包双方确认调整的金额计算，选项 B 错误。暂列金额应减去工程价款调整（包括索赔、现场签证）的金额计算，如有余额归发包人，选项 C 错误。发、承包双方在合同工程实施过程中已经确认的工程计量结果和合同价款，在竣工结算办理中应直接进入结算，选项 D 正确。

[例题 2 · 多选] 发包人对工程质量有异议，竣工结算仍应按合同约定办理的情形有（ ）。

A. 工程已竣工验收的

B. 工程已竣工未验收，但实际投入使用的

C. 工程已竣工未验收，且未实际投入使用的

D. 工程停建，对无质量争议的部分

E. 工程停建，对有质量争议的部分

[解析] 发包人对工程质量有异议，竣工结算仍应按合同约定下列情形办理：①已经竣工验收或已竣工未验收但实际投入使用的工程，其质量争议按该工程保修合同执行，竣工结算按合同约定办理；②已竣工未验收且未实际投入使用的工程以及停工、停建工程的质量争议，双方应就有争议的部分委托有资质的检测鉴定机构进行检测，根据检测结果确定解决方案，或按工程质量监督机构的处理决定执行后办理竣工结算，无争议部分的竣工结算按合同约定办理。

答案：1. D 2. ABD

（二）预付款

1. 预付款

工程预付款额度一般是根据施工工期、建筑安装工作量、主要材料和构件费用占建筑安装工程费的比例以及材料储备周期等因素经测算来确定。

（1）支付的相关内容见表 4-6-2。

表 4-6-2 支付的相关内容

项目	内容
时间	在正式开工前预先支付给承包人
目的	用于购买工程施工所需的材料和组织施工机械和人员进场的价款
百分比计算法	签约合同价（扣暂列金额）的 10%～30%
公式计算法	$工程预付款数额=\frac{工程总价\times材料比例(\%)}{年度施工天数}\times材料储备定额天数$

（2）扣回的相关内容见表 4-6-3。

表 4-6-3 扣回的相关内容

项目	内容
按合同约定	从每次支付的工程款中扣回预付款，合同完成前逐次扣回
起扣点计算法	（1）从未施工工程尚需的主要材料及构件的价值相当于工程预付款数额时起扣从每次结算工程价款中按材料比重扣抵工程价款，竣工前全部扣清 （2）该方法对承包人比较有利，最大限度地占用了发包人的流动资金 $T=P-\frac{M}{N}=承包工程合同总额-\frac{预付款总额}{主材及构件所占比重}$ 第一次扣还工程预付款数额计算式：$A=(F-T)\times N$ 第二次及以后各次扣还预付款的数额计算式：$A_i=F_i\times N$

2. 安全文明施工费

发包人应在工程开工后的 28 天内预付不低于当年施工进度计划的安全文明施工费总额的

60%，其余部分按照提前安排的原则进行分解，与进度款同期支付。

发包人没有按时支付安全文明施工费的，承包人可催告发包人支付；发包人在付款期满后的7天内仍未支付的，若发生安全事故，发包人应承担连带责任。

（三）期中支付

1. 期中支付价款的计算

（1）已完工程的结算价款。

（2）结算价款的调整。

（3）进度款的支付比例。进度款的支付比例按照合同约定，按期中结算价款总额计，不低于60%，不高于90%。

2. 期中支付申请

期中支付申请的相关内容见表4-6-4。

表4-6-4 期中支付申请的相关内容

项目	内容
累计已完成的合同价款	—
累计已实际支付的合同价款	—
本周期合计完成的合同价款	（1）本周期已完成单价项目的金额 （2）本周期应支付的总价项目的金额 （3）本周期已完成的计日工价款 （4）本周期应支付的安全文明施工费 （5）本周期应增加的金额
本周期合计应扣减的金额	（1）本周期应扣回的预付款 （2）本周期应扣减的金额
本周期实际应支付的合同价款	—

（四）竣工结算款的支付

承包人应根据办理的竣工结算文件，向发包人提交竣工结算款支付申请。该申请应包括下列内容：

（1）竣工结算合同价款总额。

（2）累计已实际支付的合同价款。

（3）应扣留的质量保证金。

（4）实际应支付的竣工结算款金额。

（五）质量保证金的处理

1. 缺陷责任期与保修期的概念区别

缺陷责任期与保修期的概念区别见表4-6-5。

表4-6-5 缺陷责任期与保修期的概念区别

项目	区别
缺陷责任期	缺陷责任期是指承包人对已交付使用的合同工程承担合同约定的缺陷修复责任的期限
保修期	建设工程保修期是指在正常使用条件下，建设工程的最低保修期限

2. 缺陷责任期与保修期的期限

缺陷责任期与保修期的期限区别见表 4-6-6。

表 4-6-6　缺陷责任期与保修期的期限区别

项目	区别
缺陷责任期的期限	缺陷责任期从工程通过竣工验收之日起计 由于承包人原因导致工程无法按规定期限进行竣工验收的，缺陷责任期从实际通过竣工验收之日起计 由于发包人原因导致工程无法按规定期限进行竣工验收的，在承包人提交竣工验收报告 90 天后，工程自动进入缺陷责任期 缺陷责任期一般为 1 年，最长不超过 2 年，由发、承包双方在合同中约定
保修期的期限	保修期自实际竣工日期起计算，保修期限如下： (1) 地基基础工程和主体结构工程，为设计文件规定的该工程的合理使用年限 (2) 屋面防水工程，有防水要求的卫生间、房间和外墙面的防渗漏为 5 年 (3) 供热与供冷系统为 2 个采暖期和供热期 (4) 电气管线、给排水管道、设备安装和装修工程为 2 年

［例题］某发包人和承包人签订某安装工程施工合同，合同价为 420 万元，工期为 4 个月，有关工程价款和支付约定如下：

(1) 工程预付款为安装工程合同价的 20%。

(2) 工程预付款应从未施工工程所需的主要材料及设备费相当于工程预付款数额时起扣，每月以抵充工程款的方式陆续扣留，竣工前全部扣清，主要材料及设备费占工程款的比重为 60%。

(3) 工程进度款逐月计算。

(4) 工程质量保证金为安装工程合同价的 3%，竣工结算一次扣留。

(5) 主要材料及设备费上调 12%，结算时一次调整。

(6) 各月实际完成产值，见表 4-6-7。

表 4-6-7　各月实际完成产值

月份	3	4	5	6	合计
完成产值/万元	40	90	200	90	420

［问题］

1. 工程价款结算的方式有哪几种？

2. 该工程的工程预付款、起扣点为多少？

3. 该工程 3 月至 5 月每月拨付工程款为多少？累计工程款为多少？

4. 6 月办理竣工结算，该工程结算造价为多少？发包人应付工程结算款为多少？

5. 该工程在质量缺陷责任期间内发生管道漏水，发包人多次催促乙方修理，承包人总是拖延，最后承包人另请施工单位维修，维修费为 0.5 万元，该项费用如何处理？

［解析］

1. 工程价款的结算方式分为：按月结算、按形象进度分段结算、竣工后一次结算和双方约定的其他结算方式。

2. 工程预付款＝420×20%＝84.00（万元）。

起扣点＝420－84/60%＝280.00（万元）。(起扣点＝价款总额－预付款/材料比重)

第四章

3. 各月拨付工程款为：

(1) 3月：工程款40万元，累计支付工程款40.00万元。

(2) 4月：工程款90万元，累计支付工程款＝40＋90＝130.00（万元）。

(3) 5月：工程款＝200－（200＋130－280）×60％＝170.00（万元）。

累计支付工程款＝130＋170＝300.00（万元）。

4. 工程结算总造价＝420＋420×60％×12％＝450.24（万元）。

甲方应付工程结算价款＝450.24×（1－3％）－300－84＝52.73（万元）。

5. 0.5万元维修费应从扣留的质量保证金中支付。

（六）合同解除的价款结算与支付

由于不可抗力解除合同的，发包人除应向承包人支付合同解除之日前已完成工程但尚未支付的合同价款，还应支付下列金额：

(1) 合同中约定应由发包人承担的费用。

(2) 已实施或部分实施的措施项目应付价款。

(3) 承包人为合同工程合理订购且已交付的材料和工程设备货款。发包人一经支付此项货款，该材料和工程设备即成为发包人的财产。

(4) 承包人撤离现场所需的合理费用，包括员工遣送费和临时工程拆除、施工设备运离现场的费用。

(5) 承包人为完成合同工程而预期开支的任何合理费用，且该项费用未包括在本款其他各项支付之内。

二、安装工程合同价款调整方法

（一）法规变化类合同价款调整事项

1. 基准日的确定

基准日的确定见表4-6-8。

表4-6-8　基准日的确定

类型	基准日的确定
招标的建设工程	提交投标文件的截止时间前28天为基准日
不招标的建设工程	合同签订前的第28天为基准日

2. 工期延误期间的特殊处理

由于承包人的原因导致的工期延误，在工程延误期间法规变化造成合同价款变化的，合同价款只调低不调高。

·典型例题·

［**例题·单选**］为合理划分发承包双方的合同风险，对于招标工程，在施工合同中约定的基准日期一般为（　　）。

A. 招标文件中规定的提交投标文件截止时间前的第28天

B. 招标文件中规定的提交投标文件截止时间前的第42天

C. 施工合同签订前的第28天

D. 施工合同签订前的第42天

[**解析**] 对于实行招标的建设工程，一般以施工招标文件中规定的提交投标文件的截止时间前的第28天作为基准日。

答案：A

（二）工程变更类合同价款的调整事项

1. 工程变更

（1）工程变更的范围。

1）取消合同中任何一项工作，但被取消的工作不能转由发包人或其他人实施。

2）改变合同中工作的质量、特性、基线、标高、位置、尺寸、时间、工艺、顺序。

3）增加额外工作。

（2）工程变更的价款调整方法见表4-6-9。

表4-6-9 工程变更的价款调整方法

类型	调整方法
分部分项工程费的调整	已标价工程量清单中有适用于变更工程项目的，且工程变更导致的该清单项目的工程数量变化不足15%时，采用该项目的单价
	已标价工程量清单中没有适用，但有类似于变更工程项目的，可在合理范围内参照类似项目的单价或总价调整
	已标价工程量清单中没有适用也没有类似于变更工程项目的，由承包人根据变更工程资料、计量规则和计价办法、工程造价管理机构发布的信息价格和承包人报价浮动率，提出变更工程项目的单价或总价，报发包人确认后调整。承包人报价浮动率可按下列公式计算： （1）实行招标的工程：承包人报价浮动率 $L=$（1－中标价/招标控制价）×100% （2）不实行招标的工程：承包人报价浮动率 $L=$（1－报价值/施工图预算）×100% 【注】公示中的中标价、招标控制价或报价值、施工图预算，均不含安全文明施工费
	已标价工程量清单中没有适用也没有类似变更工程项目，且工程造价管理机构发布的信息价格缺价的，由承包人根据变更工程资料、计量规则、计价办法和市场价格提出变更工程项目的单价或总价，报发包人确认后调整
措施项目费的调整	安全文明施工费，按照实际发生变化的措施项目调整，不得浮动
	采用单价计算的措施项目费，根据实际发生变化的措施项目按前述分部分项工程费的调整方法确定单价
	按总价（或系数）计算的措施项目费，除安全文明施工费外，按照实际发生变化的措施项目调整，但应考虑承包人报价浮动因素

·典型例题·

[**例题·单选**] 根据《建设工程工程量清单计价规范》（GB 50500—2013），中标人投标报价浮动率的计算公式是（　　）。

A.（1－中标价/招标控制价）×100%

B.（1－中标价/施工图预算）×100%

C.（1－不含安全文明施工费的中标价/不含安全文明施工费的招标控制价）×100%

D.（1－不含安全文明施工费的中标价/不含安全文明施工费的施工图预算）×100%

［**解析**］中标人投标报价浮动率的计算：①实行招标的工程：承包人报价浮动率 L＝（1－中标价/招标控制价）×100%；②不实行招标的工程：承包人报价浮动率 L＝（1－报价值/施工图预算）×100%。上述公式中的中标价、招标控制价或报价值、施工图预算，均不含安全文明施工费。

答案：C

2. 工程量偏差

合同价款的调整见表 4-6-10。

表 4-6-10　合同价款的调整

项目	内容
综合单价的调整	(1) 当工程量增加 15%以上时，其增加部分的工程量的综合单价应予调低。即当 $Q_1>1.15Q_0$ 时：$S=1.15Q_0\times P_0+(Q_1-1.15Q_0)\times P_1$ 新综合单价 P_1 按双方协商或按下式确定： 若 $P_0>P_2\times(1+15\%)$，P_1 按照 $P_2\times(1+15\%)$ 调整，若 $P_0\leqslant P_2\times(1+15\%)$ 时，$P_1=P_2$ (2) 当工程量减少 15%以上时，减少后剩余部分工程量综合单价应予调高。即当 $Q_1<0.85Q_0$ 时：$S=Q_1\times P_1$ 新综合单价 P_1 按双方协商或按下式确定： 若 $P_0<P_2\times(1-L)\times(1-15\%)$ 时，P_1 按照 $P_2\times(1-L)\times(1-15\%)$，若 $P_0\geqslant P_2\times(1-L)\times(1-15\%)$，$P_1=P_2$
总价措施项目费的调整	工程量增加的，措施项目费调增；工程量减少的，措施项目费调减

［例题］某电气工程工程量中某电缆的清单数量为 2 600m，施工中由于设计变更该项电缆清单工程量调增为 3 120m。该项目招标最高限价综合单价为 1 700 元/m，投标报价为 2 125 元/m，应如何调整？

［解析］工程量增加的幅度＝（3 120/2 600－1）×100%＝20%，工程量增加超过 15%，需对电缆综合单价做调整。

综合单价 P_2×（1＋15%）＝1 700×（1＋15%）＝1 955（元/m），<2 125（元/m）。

该项目变更后的综合单价应调整为 1 955 元/m。

工程总价＝2 600×（1＋15%）×2 125＋（3 120－2 600×1.15）×1 955＝6 353 750＋130×1 955＝6 607 900（元）。

·典型例题·

［**例题·单选**］根据《建设工程工程量清单计价规范》（GB 50500—2013），当实际增加的工程量超过清单工程量 15%以上，且造成按总价方式计价的措施项目发生变化的，应将（　　）。

A. 综合单价调高，措施项目费调增

B. 综合单价调高，措施项目费调减

C. 综合单价调低，措施项目费调增

D. 综合单价调低，措施项目费调减

［**解析**］综合单价的调整原则为：当工程量增加 15%以上时，其增加部分的工程量的综合单价应予调低；当工程量减少 15%以上时，减少后剩余部分的工程量的综合单价应予调高；

工程量增加的，措施项目费调增；工程量减少的，措施项目费调减。选项 C 正确。

答案：C

3. 计日工

计日工的相关费用产生及确认见表 4-6-11。

表 4-6-11　计日工的相关费用产生及确认

项目	内容
计日工费用的产生	（1）发包人通知承包人以计日工方式实施的零星工作，承包人应予执行 （2）采用计日工计价的变更工作，承包人应提交有关报表和凭证送发包人复核：①工作名称、内容、数量；②投入该工作的人员、材料、施工设备相关信息和耗用量；③发包人要求提交的其他资料和凭证
计日工费用的确认和支付	（1）承包人根据现场签证报告核实的工程数量和承包人已标价工程量清单中的单价，计算合价，提出应付价款 （2）每个支付期末，承包人应与进度款同期向发包人提交本期间所有计日工记录的签证汇总表，调整合同价款，列入进度款支付

·典型例题·

［**例题·单选**］根据《建设工程工程量清单计价规范》（GB 50500—2013），下列关于计日工的说法中正确的是（　　）。

A. 招标工程量清单计日工数量为暂定，计日工费不计入投标总价

B. 发包人通知承包人以计日工方式实施的零星工作，承包人可以视情况决定是否执行

C. 计日工表的费用项目包括人工费、材料费、施工机械使用费、企业管理费和利润

D. 计日工金额不列入期中支付，在竣工结算时一并支付

［**解析**］投标时，单价由投标人自主报价，按暂定数量计算合价计入投标总价中，选项 A 错误。发包人通知承包人以计日工方式实施的零星工作，承包人应予执行，选项 B 错误。每个支付期末，承包人应与进度款同期向发包人提交本期间所有计日工记录的签证汇总表，以说明本期间自己认为有权得到的计日工金额，调整合同价款，列入进度款支付，选项 D 错误。

答案：C

（三）物价变化类合同价款调整事项

1. 物价波动

因物价波动引起的合同价款调整方法有两种：一种是采用价格指数调整价格差额，另一种是采用造价信息调整价格差额。承包人采购材料和工程设备的，应在合同中约定主要材料、工程设备价格变化的范围或幅度，如没有约定，则材料、工程设备单价变化超过 5%时，超过部分的价格按两种方法之一进行调整。

（1）采用价格指数调整价格差额的方法主要适用于施工中所用的材料品种较少，但每种材料使用量较大的土木工程，如公路和水坝等。

价格调整公式如下：

$$\Delta P = P_0 - \left[A + \left(B_1 \times \frac{F_{t1}}{F_{01}} \times B_2 \times \frac{F_{t2}}{F_{02}} + B_3 \times \frac{F_{t3}}{F_{03}} + \cdots + B_N \times \frac{F_{tn}}{F_{0n}}\right) - 1\right]$$

1）权重的调整，按变更范围和内容所约定的变更，导致原定合同中的权重不合理时，由承包人和发包人协商后进行调整。

2）工期延误后的价格调整：

发包人原因导致工期延误——较高者作为现行价格指数。

承包人原因导致工期延误——较低者作为现行价格指数。

(2) 采用造价信息调整价格差额的方法主要适用于施工中使用的材料品种较多，但每种材料使用量较小的房屋建筑与装饰工程。

2. 暂估价

(1) 给定暂估价的材料、工程设备。

1）不属于依法必须招标的，由承包人按照合同约定采购，经发包人确认后以此为依据取代暂估价，调整合同价款。

2）属于依法必须招标的，由发、承包双方以招标的方式选择供应商。依法确定中标价格后，以此为依据取代暂估价，调整合同价款。

(2) 给定暂估价的专业工程。

专业工程的类别及内容见表 4-6-12。

表 4-6-12　专业工程的类别及内容

类别	内容
不属于依法必须招标的项目	按照工程变更事件的合同价款调整方法，确定专业工程价款，并以此为依据取代专业工程暂估价，调整合同价款
属于依法必须招标的项目	(1) 若承包人不参加投标的专业工程，应由承包人作为招标人，但拟定的招标文件、评标方法、评标结果应报送发包人批准。与组织招标工作有关的费用应当被认为已经包括在承包人的签约合同价（投标总报价）中 (2) 若承包人参加投标的专业工程，应由发包人作为招标人，与组织招标工作有关的费用由发包人承担。同等条件下，应优先选择承包人中标 (3) 专业工程依法进行招标后，以中标价为依据取代专业工程暂估价，调整合同价款

(四) 工程索赔类合同价款调整事项

1. 不可抗力

(1) 不可抗力的范围。

不可抗力是指合同双方在合同履行中出现的不能预见、不能避免并不能克服的客观情况。

(2) 不可抗力造成损失的承担。

1）合同工程本身的损害、因工程损害导致第三方人员伤亡和财产损失以及运至施工场地用于施工的材料和待安装的设备的损害，由发包人承担。

2）发包人、承包人人员伤亡由其所在单位负责，并承担相应费用。

3）承包人的施工机械设备损坏及停工损失，由承包人承担。

4）停工期间，承包人应发包人要求留在施工场地的必要的管理人员及保卫人员的费用由发包人承担。

5）工程所需清理、修复费用，由发包人承担。

6）因发生不可抗力事件导致工期延误的，工期相应顺延。发包人要求赶工的，承包人应采取赶工措施，赶工费用由发包人承担。

·典型例题·

［例题·单选］下列在施工合同履行期间由不可抗力造成的损失中，应由承包人承担的是（　　）。

A. 因工程损害导致的第三方人员伤亡

B. 因工程损害导致的承包人人员伤亡

C. 工程设备的损害

D. 应发包人要求承包人照管工程的费用

［解析］因不可抗力事件导致的人员伤亡、财产损失及其费用增加，发、承包双方应按以下原则分别承担并调整合同价款和工期：①合同工程本身的损害、因工程损害导致第三方人员伤亡和财产损失以及运至施工场地用于施工的材料和待安装的设备的损坏，由发包人承担；②发包人、承包人人员伤亡由其所在单位负责并承担相应费用；③承包人的施工机械设备损坏及停工损失，由承包人承担；④停工期间，承包人应发包人要求留在施工场地的必要的管理人员及保卫人员的费用由发包人承担；⑤工程所需清理、修复费用，由发包人承担；⑥因发生不可抗力事件导致工期延误的，工期相应顺延。发包人要求赶工的，承包人应采取赶工措施，赶工费用由发包人承担。

答案：B

2. 提前竣工（赶工补偿）与误期赔偿

（1）提前竣工（赶工补偿）。

1）赶工费用。发包人应当依据相关工程的工期定额合理计算工期，压缩的工期天数不得超过定额工期的20%，超过的，应在招标文件中明示增加赶工费用。

2）提前竣工奖励。一般来说，发、承包双方应当在合同中约定提前竣工奖励的最高限额（如合同价款的5%）。

（2）误期赔偿。

一般来说，双方还应当在合同中约定误期赔偿费的最高限额（如5%）。合同工程发生误期的，承包人应当按照合同的约定向发包人支付误期赔偿费，如果约定的误期赔偿费低于发包人由此造成的损失的，承包人还应继续赔偿。即使承包人支付误期赔偿费，也不能免除承包人按照合同约定应承担的任何责任和义务。

3. 索赔

（1）索赔的概念及分类。

1）没有单独补偿利润，以及补偿工期和利润的索赔事件，因为补偿利润的前提是补偿费用。

2）只顺延工期的索赔事件：①异常恶劣的气候条件导致工期延误；②因不可抗力造成的工期延误。

3）可补偿费用和利润，但工期不顺延的索赔事件：①因发包人原因导致工程试运行失败；②工程移交后因发包人原因出现新的缺陷或损坏的修复。

4）只补偿费用的索赔事件：①提前向承包人提供材料、工程设备；②因发包人原因造成承包人人员工伤事故；③承包人提前竣工；④基准日后法律的变化；⑤工程移交后因发包人原因出现的缺陷修复后的试验和试运行；⑥因不可抗力停工期间应监理人要求照管、清理、修复工程。

（2）索赔的依据和前提条件。

1）索赔的依据：①工程施工合同文件；②国家法律、法规，地方性法规或政府规章，应在施工合同专用条款中约定；③国家、部门和地方有关的标准、规范和定额，非强制性标准，必须在合同中明确规定；④工程施工合同履行过程中与索赔事件有关的各种凭证。

2）索赔成立的条件：①承包人有损失（经济损失或工期延误）；②不是承包人原因；③按规定提交了索赔材料。

（3）费用索赔的计算。

索赔费用的组成见表 4-6-13。

表 4-6-13　索赔费用的组成

费用组成	计算方法
人工费	在计算停工损失中人工费时，通常采取人工单价乘以折算系数计算
施工机械使用费	在计算机械设备台班停滞费时，如果机械设备是承包人自有设备，一般按台班折旧费、人工费与其他费之和计算；如果是承包人租赁的设备，一般按台班租金加上每台班分摊的施工机械进退场费计算
总部（企业）管理费	（1）按总部管理费的比率计算： 总部管理费索赔金额＝（人、材、机费索赔金额＋现场管理费索赔金额）×总部管理费比率（%） （2）按已获补偿的工程延期天数为基础计算

（4）工期索赔的计算。

1）工期索赔中应当注意的问题。被延误的工作应是处于进度计划关键线路上的施工内容；或对非关键路线工作的影响超过了该工作可用于自由支配的时间，也导致进度计划中非关键路线转化为关键路线。

2）共同延误的处理。当出现共同延误时，确定“初始延误”者，它应对工程拖期负责，其他并发的延误者不承担拖期责任。初始延误者是发包人，承包人既可延长工期又可补偿经济；初始延误者是客观原因，承包人只可延长工期不可补偿经济；初始延误者是承包人，承包人既可不延长工期又不可补偿经济。

［例题］某环保工程项目，发、承包双方签订了工程施工合同。合同约定：工期 270 天；管理费和利润按人材机费用之和的 20%计取；规费和增值税税金按人材机费、管理费和利润之和的 13%计取；人工单价按 150 元/工日计，人工窝工补偿按其单价的 60%计，施工机械台班单价按 1200 元/台班计，施工机械闲置补偿按其台班单价的 70%计；人工窝工和施工机械闲置补偿均不计取管理费和利润；各分部分项工程的措施费按其相应工程费的 25%计取。（无特别说明的，费用计算时均按不含税价格考虑）

承包人编制的施工进度计划获得了监理工程师批准，见图 4-6-2。

第四章

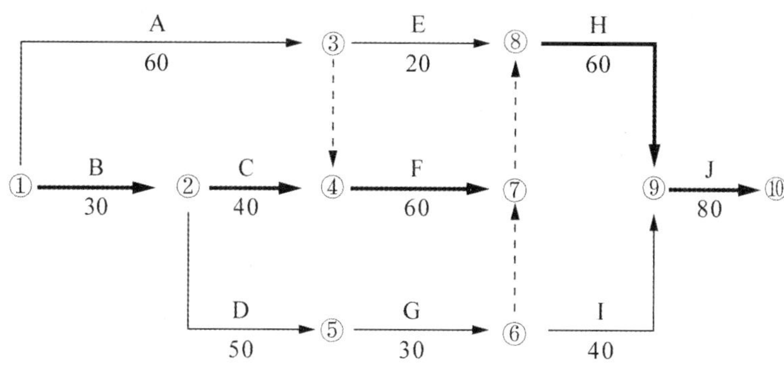

图 4-6-2　承包人施工进度计划（单位：天）

该工程项目施工过程中发生了如下事件：

事件 1：分项工程 A 施工至第 15 天时，发现地下埋藏文物，由相关部门进行了处置，造成承包人停工 10 天，人员窝工 110 个工日，施工机械闲置 20 个台班；配合文物处置，承包人发生人工费 3 000 元，保护措施费 1 600 元，承包人及时向发包人提出工期延期和费用索赔。

事件 2：文物处置工作完成后：①发包人提出了地基夯实设计变更，致使分项工程 A 延长 5 天工作时间，承包人增加用工 50 个工日，增加施工机械 5 个台班，增加材料费 35 000 元；②为了确保工程质量，承包人将地基夯实处理设计变更的范围扩大了 20%，由此增加了 5 天工作时间，增加人工费 2 000 元、材料费 3 500 元、施工机械使用费 2 000 元。承包人针对事件①、②两项内容及时提出工期延期和费用索赔。

事件 3：分项工程 H 施工中，使用的某种暂估材料的价格上涨了 30%，该材料的暂估单价为 392.4 元/m^2（含可抵扣进项税 9%），监理工程师确认了该材料使用数量为 800m^2。

[问题]

1. 事件 1 中，承包人提出工期和费用索赔是否成立？说明理由。如果成立，承包人应获得的工期延期为多少天？费用索赔额为多少元？

2. 事件 2 中，分别指出承包人针对①、②两项内容所提出的工期延期和费用索赔是否成立，说明理由。承包人应获得工期延期为多少天？说明理由。费用索赔额为多少元？

3. 事件 3 中，分项工程 H 的工程价款增加的金额为多少元？

[解析]

1. (1) 事件 1 中，工期索赔不成立，费用索赔成立。

理由：地下发现文物属于业主应承担的风险，造成的费用损失和工期的延误均由业主承担。因此事件延误的工期为 10 天，未超过工作 A 总时差 10 天，不会对总工期产生影响，故工期索赔不成立。此事件造成了承包人的实际费用增加，故可以索赔费用。

(2) 费用索赔额＝（110×150×60%＋20×1 200×70%＋3 000＋1 600）×（1＋13%）＝35 369（元）。

2. (1) 针对①，工期和费用索赔成立。

理由：地基夯实设计变更属于发包人应承担的责任，造成的费用增加和工期延长均由发包人承担。事件 1 发生后 A 为关键工作，延长 5 天导致总工期延长 5 天，故工期索赔成立；事件导致了承包人实际费用的增加，故费用索赔成立。

(2) 针对②，工期和费用索赔不成立。

第四章

理由：承包人将地基夯实处理设计变更的范围扩大，应视为是确保工程质量而采取的施工技术措施，增加的工期及费用应由承包人承担。

（3）事件2中，承包人应获得工期延期5天。事件1发生后，工作A为关键工作。事件2发生后，A工作针对①的延长5天是可以索赔的，故应延长工期5天，发包人允许的工期为275天。

（4）费用索赔额＝（50×150＋5×1 200＋35 000）×（1＋20％）×（1＋13％）×（1＋25％）＝82 208（元）。

3. 材料不含税暂估单价＝392.4/（1＋9％）＝360（元/m^2）。

材料实际不含税单价＝392.4/（1＋9％）×（1＋30％）＝468（元/m^2）。

H增加费用＝（468－360）×（1＋20％）×（1＋13％）×800＝117 158（元）。

·典型例题·

［**例题1·单选**］根据《标准施工招标文件》（2007年版）通用合同条款，下列引起承包人索赔的事件中，只能获得工期补偿的是（　　）。

A. 发包人提前向承包人提供材料和工程设备

B. 工程暂停后因发包人原因导致无法按时复工

C. 因发包人原因导致工程试运行失败

D. 异常恶劣的气候条件导致工期延误

［**解析**］异常恶劣的气候条件导致工期延误是属于不可抗力，只索赔工期。

［**例题2·单选**］某工程合同价格为5 000万元，计划工期是200天，施工期间因非承包人原因导致工期延误10天，若同期该公司承揽的所有工程合同总价为2.5亿元，计划总部管理费为1 250万元，则承包人可以索赔的总部管理费为（　　）万元。

A. 7.5　　B. 10

C. 12.5　　D. 15

［**解析**］该题按比例进行计算，合同价格占总合同价格的1/5，所以同期的合同价格为250万元。索赔总部管理费为250/200×10＝12.5（万元）。

［**例题3·多选**］支持承包人工程索赔成立的基本条件有（　　）。

A. 合同履行过程中承包人没有违约行为

B. 索赔事件已造成承包人直接经济损失或工期延误

C. 索赔事件是因非承包人的原因引起的

D. 承包人已按合同规定提交了索赔意向通知、索赔报告及相关证明材料

E. 发包人已按合同规定给予了承包人答复

［**解析**］承包人工程索赔成立的基本条件包括：①索赔事件已造成了承包人直接经济损失或工期延误；②造成费用增加或工期延误的索赔事件是非因承包人的原因发生的；③承包人已经按照工程施工合同规定的期限和程序提交了索赔意向通知、索赔报告及相关证明材料。

答案：1. D　2. C　3. BCD

第七节　安装工程竣工决算价款的编制

一、竣工决算的概念及作用

（一）竣工决算的概念

（1）项目竣工决算是指所有项目竣工后，项目单位按照国家有关规定在项目竣工验收阶段编制的竣工决算报告。

（2）竣工决算是以实物数量和货币指标为计量单位，综合反映竣工建设项目全部建设费用、建设成果和财务状况的总结性文件，是竣工验收报告的重要组成部分，竣工决算是正确核定新增固定资产价值，考核分析投资效果，建立健全经济责任制的依据，是反映建设项目实际造价和投资效果的文件。

（二）竣工决算的作用

（1）建设项目竣工决算是综合全面地反映竣工项目建设成果及财务情况的总结性文件，采用货币指标、实物数量、建设工期和各种技术经济指标综合、全面地反映建设项目自开始建设到竣工为止全部建设成果和财务状况的情况。

（2）建设项目竣工决算是办理交付使用资产的依据，也是竣工验收报告的重要组成部分。

（3）建设项目竣工决算是分析和检查设计概算的执行情况，考核建设项目管理水平和投资效果的依据。

二、竣工决算的内容和编制

（一）竣工决算的内容

（1）建设项目竣工决算包括从筹集到竣工投产全过程的全部实际费用，即建筑工程费、安装工程费、设备工器具购置费及预备费等费用。

（2）竣工决算是由竣工财务决算说明书、竣工财务决算报表、工程竣工图和工程竣工造价对比分析四部分组成。竣工财务决算说明书和竣工财务决算报表两部分又称建设项目竣工财务决算，是竣工决算的核心内容。

（二）竣工决算的编制

竣工决算编制的基本内容见表4-7-1。

表4-7-1　竣工决算编制的基本内容

项目	基本内容
编制条件	（1）经批准的初步设计所确定的工程内容已完成 （2）单项工程或建设项目竣工结算已完成 （3）收尾工程投资和预留费用不超过规定的比例 （4）涉及法律诉讼、工程质量纠纷的事项已处理完毕 （5）其他影响工程竣工决算编制的重大问题已解决

第四章

续表

项目	基本内容
竣工决算编制依据	（1）项目计划任务书及立项批复文件 （2）项目总概算书和单项工程概算书文件 （3）经批准的设计文件及设计交底、图纸会审资料 （4）招标文件和最高投标限价 （5）工程合同文件 （6）项目竣工结算文件 （7）工程签证、工程索赔等合同价款调整文件 （8）设备、材料调价文件记录 （9）会计核算及财务管理资料
竣工决算编制内容	（1）建设项目竣工决算费用：从筹集到竣工投产全过程的全部实际费用，即包括建筑工程费、安装工程费、设备工器具购置费及预备费等费用 （2）竣工决算：由竣工财务决算说明书、竣工财务决算报表、工程竣工图和工程竣工造价对比分析四部分组成 （3）建设项目竣工财务决算由竣工财务决算说明书和竣工财务决算报表两部分组成，是竣工决算的核心内容

三、新增资产价值的确定

建设项目竣工投入运营后，所花费的总投资形成相应的资产。按照新的财务制度和企业会计准则，新增资产按资产性质可分为固定资产、无形资产、流动资产和其他资产等四大类。

（一）新增固定资产价值的确定方法

1. 新增固定资产价值的概念和范畴

新增固定资产价值是建设项目竣工投产后所增加的固定资产的价值，它是以价值形态表示的固定资产投资最终成果的综合性指标。新增固定资产价值是投资项目竣工投产后所增加的固定资产价值，即交付使用的固定资产价值，是以价值形态表示建设项目的固定资产最终成果的指标。新增固定资产价值的计算是以独立发挥生产能力的单项工程为对象的。一次交付生产或使用的工程一次计算新增固定资产价值，分期分批交付生产或使用的工程，应分期分批计算新增固定资产价值。新增固定资产价值的内容包括：已投入生产或交付使用的建筑、安装工程造价；达到固定资产标准的设备、工器具的购置费用；增加固定资产价值的其他费用。

2. 共同费用的分摊方法

新增固定资产的其他费用，如果是属于整个建设项目或两个以上单项工程的，在计算新增固定资产价值时，应在各单项工程中按比例分摊。一般情况下，建设单位管理费按建筑工程、安装工程、需安装设备价值总额等按比例分摊，而土地征用费、地质勘察和建筑工程设计费等费用则按建筑工程造价比例分摊，生产工艺流程系统设计费按安装工程造价比例分摊。

［例题］某工业建设项目及其总装车间的建筑工程费、安装工程费，需安装设备费以及应摊入费用见表 4-7-2，计算总装车间新增固定资产价值。

表 4-7-2　分摊费用计算表　（单位：万元）

项目名称	建筑工程	安装工程	需安装设备	建设单位管理费	土地征用费	建筑设计费	工艺设计费
建设项目竣工决算	5 000	1 000	1 200	105	120	60	40
总装车间竣工决算	1 000	500	600	—	—	—	—

［解析］总装车间新增固定资产价值计算如下：

$$应分摊的建设单位管理费=\frac{1\ 000+500+600}{5\ 000+1\ 000+1\ 200}\times 105=30.625\text{（万元）};$$

$$应分摊的土地征用费=\frac{1\ 000}{5\ 000}\times 120=24\text{（万元）};$$

$$应分摊的建筑设计费=\frac{1\ 000}{5\ 000}\times 60=12\text{（万元）};$$

$$应分摊的工艺设计费=\frac{1\ 000}{5\ 000}\times 40=20\text{（万元）};$$

总装车间新增固定资产价值＝（1 000＋500＋600）＋（30.625＋24＋12＋20）＝2 186.625（万元）。

（二）新增无形资产价值的确定方法

在财政部和国家知识产权局的指导下，中国资产评估协会 2008 年制定了《资产评估准则——无形资产》，自 2009 年 7 月 1 日起施行。根据上述准则规定，无形资产是指特定主体所拥有或者控制的，不具有实物形态，能持续发挥作用且能带来经济利益的资源。我国作为评估对象的无形资产通常包括专利权、专有技术、商标权、著作权、销售网络、客户关系、供应关系、人力资源、商业特许权、合同权益、土地使用权、矿业权、水域使用权、森林权益、商誉等。无形资产的计价原则及计价方法见表 4-7-3。

表 4 7 3　无形资产的计价原则及计价方法

项目	内容	
无形资产的计价原则	(1) 投资者按无形资产作为资本金或者合作条件投入时，按评估确认或合同协议约定的金额计价 (2) 购入的无形资产，按照实际支付的价款计价 (3) 企业自创并依法申请取得的，按开发过程中的实际支出计价 (4) 企业接受捐赠的无形资产，按照发票账单所载金额或者同类无形资产市场价计价 (5) 无形资产计价入账后，应在其有效使用期内分期摊销，即企业为无形资产支出的费用应在无形资产的有效期内得到及时补偿	
无形资产的计价方法	专利权的计价	(1) 专利权分为自创和外购两类 (2) 自创专利权的价值为开发过程中的实际支出，主要包括专利的研制成本和交易成本 (3) 研制成本包括直接成本和间接成本：直接成本是指研制过程中直接投入发生的费用（主要包括材料费用、工资费用、专用设备费、资料费、咨询鉴定费、协作费、培训费和差旅费等）；间接成本是指与研制开发有关的费用（主要包括管理费、非专用设备折旧费、应分摊的公共费用及能源费用） (4) 交易成本是指在交易过程中的费用支出（主要包括技术服务费、交易过程中的差旅费及管理费、手续费、税金） (5) 由于专利权是具有独占性并能带来超额利润的生产要素，因此，专利权转让价格不按成本估价，而是按照其所能带来的超额收益计价

续表

项目	内容	
无形资产的计价方法	专有技术的计价	(1) 专有技术具有使用价值和价值，使用价值是专有技术本身应具有的，专有技术的价值在于专有技术的使用所能产生的超额获利能力，应在研究分析其直接和间接的获利能力的基础上，准确计算出其价值 (2) 如果专有技术是自创的，一般不作为无形资产入账，自创过程中发生的费用，按当期费用处理 (3) 外购专有技术，应由法定评估机构确认后再进行估价，其方法往往通过能产生的收益采用收益法进行估价
	商标权的计价	如果商标权是自创的，一般不作为无形资产入账，而将商标设计、制作、注册、广告宣传等发生的费用直接作为销售费用计入当期损益。只有当企业购入或转让商标时，才需要对商标权计价。商标权的计价一般根据被许可方新增的收益确定
	土地使用权的计价	根据取得土地使用权的方式不同，土地使用权计价方式分为： (1) 当建设单位向土地管理部门申请土地使用权并为之支付一笔出让金时，土地使用权作为无形资产核算 (2) 当建设单位获得土地使用权是通过行政划拨的，这时土地使用权就不能作为无形资产核算 (3) 在将土地使用权有偿转让、出租、抵押、作价入股和投资，按规定补交土地出让价款时，才作为无形资产核算

（三）新增流动资产价值的确定方法

流动资产是指可以在一年内或者超过一年的一个营业周期内变现或者运用的资产，包括现金及各种存款以及其他货币资金、短期投资、存货、应收及预付款项以及其他流动资产等。其各项具体内容的确定见表 4-7-4。

表 4-7-4　新增流动资产价值的确定方法

类型	具体内容
货币性资金	(1) 货币性资金指现金、各种银行存款及其他货币资金，其中现金是指企业的库存现金，包括企业内部各部门用于周转使用的备用金 (2) 各种存款是指企业的各种不同类型的银行存款 (3) 其他货币资金是指除现金和银行存款以外的其他货币资金，根据实际入账价值核定
应收及预付款项	(1) 应收账款指企业因销售商品、提供劳务等应向购货单位或受益单位收取的款项 (2) 预付款项是指企业按照购货合同预付给供货单位的购货定金或部分货款 (3) 应收及预付款项包括应收票据、应收款项、其他应收款、预付货款和待摊费用。一般情况下，应收及预付款项按企业销售商品、产品或提供劳务时的实际成交金额入账核算
短期投资	(1) 短期投资包括股票、债券、基金 (2) 股票和债券根据是否可以上市流通分别采用市场法和收益法确定其价值
存货	(1) 存货指企业的库存材料、在产品、产成品等。各种存货应当按照取得时的实际成本计价 (2) 存货的形成，主要有外购和自制两个途径。外购的存货按照买价加运输费、装卸费、保险费、途中合理损耗、入库前加工、整理及挑选费用以及缴纳的税金等计价；自制的存货按照制造过程中的各项实际支出计价

（四）新增其他资产价值的确定方法

其他资产是指不能全部计入当年损益，应当在以后年度分期摊销的各种费用，包括开办费、租入固定资产改良支出等。

1. 开办费的计价

开办费筹建期间建设单位管理费中未计入固定资产的其他各项费用，如建设单位经费，包括筹建期间工作人员工资、办公费、差旅费、印刷费、生产职工培训费、样品样机购置费、农业开荒费、注册登记费等以及不计入固定资产和无形资产购建成本的汇兑损益、利息支出。按照新财务制度规定，除了筹建期间不计入资产价值的汇兑净损失外，开办费从企业开始生产经营月份的次月起，按照不短于5年的期限平均摊入管理费用中。

2. 租入固定资产改良支出的计价

租入固定资产改良支出是企业从其他单位或个人租入的固定资产，所有权属于出租人，但企业依合同享有使用权。通常双方在协议中规定，租入企业应按照规定的用途使用，并承担对租入固定资产进行修理和改良的责任，即发生的修理和改良支出全部由承租方负担。对租入固定资产的大修理支出，不构成固定资产价值，其会计处理与自有固定资产的大修理支出无区别。对租入固定资产实施改良，因有助于提高固定资产的效用和功能，应当另外确认为一项资产。由于租入固定资产的所有权不属于租入企业，不宜增加租入固定资产的价值而作为其他资产处理。租入固定资产改良及大修理支出应当在租赁期内分期平均摊销。

同步强化训练

一、单项选择题（每题的备选项中，只有1个最符合题意）

1. 施工图预算的二级预算编制形式是指（　　）。

A. 编制人编制、审核人审核

B. 建筑安装工程预算，设备工器具购置费预算

C. 单位工程预算、建设项目总预算

D. 单项工程综合预算、建设项目总预算

2. 采用工料单价法编制施工图预算时，下列做法正确的是（　　）。

A. 若分项工程主要材料品种与预算单价规定材料不一致，需要按实际使用材料价格换算预算单价

B. 因施工工艺条件与预算单价的不一致而致工人、机械的数量增加，只调价不调量

C. 因施工工艺条件与预算单价的不一致而致工人、机械的数量减少，既调价也调量

D. 对于定额项目计价中未包括的主材费用，应按造价管理机构发布的造价信息价补充进定额基价

3. 下列材料损耗，应计入预算定额材料损耗量的是（　　）。

A. 场外运输损耗

B. 工地仓储损耗

C. 一般性检验鉴定损耗

D. 施工加工损耗

4. 根据《建设工程工程量清单计价规范》（GB 50500—2013），在招标文件未另有要求的情况下，投标报价的综合单价一般要考虑的风险因素是（　　）。

A. 政策法规的变化

B. 人工单价的市场变化

C. 政府定价材料的价格变化

D. 管理费、利润的风险

5. 某施工合同约定人工工资为200元/工日，窝工补贴按人工工资的25%计算，在施工过程中发生了如下事件：①出现异常恶劣天气导致工程停工2天，人员窝工20个工日；②因恶劣天气导致场外道路中断，抢修道路用工20个工日；③几天后，场外停电，停工1天，人员窝工10个工日。承包人可向发包人索赔的人工费为（　　）元。

A. 1 500　　B. 2 500

C. 4 500　　D. 5 500

6. 关于施工合同履行过程中共同延误的处理原则，下列说法中正确的是（　　）。

A. 在初始延误发生作用期间，其他并发延误者按比例承担责任

B. 若初始延误者是发包人，则在其延误期内，承包人可得到经济补偿

C. 若初始延误者是客观原因，则在其延误期内，承包人不能得到经济补偿

D. 若初始延误者是承包人，则在其延误期内，承包人只能得到工期补偿

二、多项选择题（每题的备选项中，有2个或2个以上符合题意，至少有1个错项）

1. 确定预算定额人工工日消耗量过程中，应计入其他用工的有（　　）。

A. 材料二次搬运用工

B. 电焊点火用工

C. 按劳动定额规定应增（减）计算的用工

D. 临时水电线路移动造成的停工

E. 完成某一分项工程所需消耗的技术工种用工

2. 根据《建设工程工程量清单计价规范》（GB 50500—2013），关于工程竣工结算的计价原则，下列说法正确的有（　　）。

A. 计日工按发包人实际签证确认的事项计算

B. 总承包服务费依据合同约定金额计算，不得调整

C. 暂列金额应减去工程价款调整金额计算，余额归发包人

D. 规费和税金应按国家或省级、行业建设主管部门的规定计算

E. 总价措施项目应依据合同约定的项目和金额计算，不得调整

3. 根据《建设工程工程量清单计价规范》（GB 50500—2013），关于计日工费用的确认和支付，下列说法中正确的有（　　）。

A. 承包人应按照确认的计日工现场签证报告核实该类项目的工程数量和单价

B. 已标价工程量清单中有该类计日工单价的，按该单价计算

C. 已标价工程量清单中没有该类计日工单价的，按承包人报价计算

D. 计日工价款应列入同期进度款支付

E. 发包人通知承包人以计日工方式实施的零星工作，承包人应予执行

4. 下列资料中，可以作为施工发承包双方提出和处理索赔直接依据的有（　　）。

A. 未在合同中约定的工程量所在地地方性法规

B. 工程施工合同文件

C. 合同中约定的非强制性标准

D. 现场签证

E. 合同中未明确规定的地方定额

参考答案及解析

一、单项选择题

1. [答案] C

[解析] 二级预算编制形式由建设项目总预算和单位工程预算组成。

2. [答案] A

[解析] 分项工程施工工艺条件与预算单价或单位估价表不一致而造成人工、机械的数量增减时，一般调量不调价，选项B、C错误。许多定额项目基价未包括主材费用，所以应将主材费的价差加入直接费。主材费计算的依据是当时当地的市场价格，选项D错误。

3. [答案] D

[解析] 预算定额材料损耗量是指在正常条件下不可避免的材料损耗，如现场内材料运输及施工操作过程中的损耗等，选项D正确。

4. [答案] D

[解析] 招标文件中要求投标人承担的风险费用，投标人应考虑进入综合单价。对于承包人根据自身技术水平、管理、经营状况能够自主控制的风险，如承包人的管理费、利润的风险，承包人应结合市场情况，根据企业自身的实际合理确定、自主报价，该部分风险由承包人全部承担。

5. [答案] C

[解析] 各事件处理结果如下：①异常恶劣天气导致的停工通常不能进行费用索赔。②抢修道路用工的索赔额：20×200＝4 000（元）。③停电导致的索赔额：10×200×25%＝500（元）。总索赔费用＝4 000＋500＝4 500（元）。

6. [答案] B

[解析] 当出现共同延误时，确定“初始延误”者，它应对工程拖期负责，其他并发的延误者不承担拖期责任。初始延误者是发包人，承包人既可延长工期又可补偿经济；初始延误者是客观原因，承包人只可延长工期不可补偿经济；初始延误者是承包人，承包人既不可延长工期又不可补偿经济。

二、多项选择题

1. [答案] BD

[解析] 选项A属于二次搬运费，选项C、E属于基本用工。

2. [答案] ACD

[解析] 选项B错误，总承包服务费应依据合同约定金额计算，如发生调整的，以发承包双方确认调整的金额计算。选项E错误，措施项目中的总价项目应依据合同约定的项目和金额计算；如发生调整，以双方确认调整的金额计算。

3. [答案] BDE

[解析] 选项A，承包人应按照确认的计日工现场签证报告核实该类项目的工程数量。选项C，已标价工程量清单中没有该类计日工单价的，由发、承包双方按工程变更的有关的规定商定计日工单价计算。

4. [答案] BC

［**解析**］提出索赔和处理索赔都要依据下列文件或凭证：①工程施工合同文件；②国家法律、法规，国家制定的相关法律、行政法规，是工程索赔的法律依据；③国家、部门和地方有关的标准、规范和定额；④工程施工合同履行过程中与索赔事件有关的各种凭证。

亲爱的读者：

如果您对本书有任何感受、建议、纠错，都可以告诉我们。我们会精益求精，为您提供更好的产品和服务。

祝您顺利通过考试！

扫码参与问卷调查

造价工程师考试研究院